A' CHIAD MEARACHD EINSTEIN

EADAR-MHINEACHADH AIR

EVGENI BANTUTOV

Copyright © 2024 EVGENI BANTUTOV

All rights reserved

The characters and events portrayed in this book are fictitious. Any similarity to real persons, living or dead, is coincidental and not intended by the author.

No part of this book may be reproduced, or stored in a retrieval system, or transmitted in any form or by any means, electronic, mechanical, photocopying, recording, or otherwise, without express written permission of the publisher.

CONTENTS

Title Page
Copyright
1 Ro-ràdh — 1
2 Ro-ràdh — 2
3 Tuairisgeul air an duilgheadas — 3
4 Fuasgladh na trioblaid — 55
5 Deasbaireachd — 61
6. Deasbad 02.02.2022. — 62
7. Tuilleadh deasbaid — 67
Foillseachaidhean leis an ùghdar seo. — 69

1 RO-RÀDH

Tha mi air a' chiad artaigil aig Einstein a leughadh ceud turas. 'S dòcha barrachd. Chan eil sin a' ciallachadh gu bheil mi gu math gòrach. Tha e a' ciallachadh gu bheil mi uamhasach gòrach. An toiseach chuir e iongnadh orm, agus bha mi cinnteach gur e sàr-eòlaiche a bh' ann an Einstein, agus is dòcha coimheach. Às deidh sin thàinig mi gu diùltadh iomlan, agus bha mi cinnteach gur e fallachd mòr ann am fiosaig a bh' ann an Teòiridh Sònraichte Dàimh. Tha fios agam a-nis gu bheil na rinn Einstein na cheum riatanach ann an leasachadh saidheans daonna. Feumar an ath cheum a ghabhail. Tha mi a' smaoineachadh gun tachair seo a dh' aithghearr.

2 RO-RÀDH

Chaidh Teòiridh Sònraichte Dàimh a chruthachadh le Albert Einstein. Tha Teòiridh Shònraichte Relativity na theòiridh mu ùine, àite agus gluasad.

Rè cruthachadh STR bidh Einstein a' cleachdadh chlocaichean a bhios a' tomhas ùine.

Feumaidh na clocaichean sin obrachadh gu sioncronaich. Gus obrachadh gu sioncronaich feumaidh iad a bhith air an sioncronachadh ro-làimh. Tha sioncronadh clocaichean an-còmhnaidh air a dhèanamh le dòigh gus sùil a chumail air obrachadh sioncronaich clocaichean.

Tha an dòigh a chleachd Albert Einstein ceàrr. Ma tha dòigh Albert Einstein ceàrr, tha Teòiridh Shònraichte an Dàimh ceàrr.

Bidh seo air a dhearbhadh san leabhar seo.

Tha mòran figearan anns an leabhar. Tha na figearan a' sealltainn an dòigh aig Albert Einstein leis an tèid obair sioncronaich nan gleocaichean a sgrùdadh. Le làthaireachd figearan tuigidh luchd-leughaidh aig nach eil foghlam sònraichte ann am fiosaig mearachd Albert Einstein gu math furasta.

Tha an leabhar air a chruthachadh gu sònraichte airson daoine nach eil nam fiosaig ach a tha dèidheil air smaoineachadh, sgrùdadh agus coimhead airson freagairtean do cheistean corporra inntinneach agus dìomhaireachdan nàdurrach.

3 TUAIRISGEUL AIR AN DUILGHEADAS

Ann an 1905 anns an iris Annalen der Physik chaidh an artaigil "ZurelektrodynamikbewegterKörper", Annalen der Physik, 1905 17, 891-921 fhoillseachadh.
Bha an t-ùghdar glè òg agus 's e Albert Einstein an t-ainm a th' air. Às deidh an artaigil seo thàinig e gu bhith na neach-rannsachaidh ainmeil air feadh an t-saoghail.
Tha na beachdan sin fo ùmhlachd fìor chàineadh agus faodar cur nan aghaidh.
Tha am prìomh ghearan an aghaidh dòigh Albert Einstein airson gleocaichean a shioncronachadh.
Seo na tha Albert Einstein ag ràdh:

tha aon ghleoc aig àite san fhànais , faodaidh an neach -amhairc a tha suidhichte ann an A àm nan tachartasan a dhearbhadh gu dìreach ann an A ag iarraidh co-thuiteamas suidheachadh làmhan cloc aig an aon àm ris na tachartasan sin. Ma tha gleoc ann am puing eile den fhànais, is urrainn dhuinn "cloc a chuir ris leis an aon inneal ris an fhear a lorgar ann an A", tha e comasach fhathast àm nan tachartasan a tha faisg air làimh an neach-amhairc a dhearbhadh. suidhichte ann am B.
Ach, chan eil e comasach coimeas a dhèanamh ann an ùine tachartas ann an A le tachartas ann am B, ach airson a-nis tha sinn air "ùine A" agus "ùine B" a mhìneachadh ach chan e an ùine iomlan airson A agus B.
Is urrainn dhuinn an tè mu dheireadh a dhèanamh a' dol an

aghaidh gu bheil an ùine a dh' fheumar airson an t-solais a ruighinn bho A gu B co-ionann ris an ùine a bheir e gus ruighinn bho B gu A. Leig dìreach aig an àm seo t_A chun an àm A "tha aon sholas solais a' dol bho A gu B an-dràsta t_B gu àm B" ri fhaicinn bho B gu A agus an-dràsta tha t'_A gu "ùine A" a' tilleadh air ais gu A. A rèir a' mhìneachaidh bidh an dà ghleoc ag obair còmhla ma tha:

$t_B - t_A = t'_A - t_B$

Is e seo an teacsa anns a bheil Albert Einstein a' sealltainn an dòigh anns a bheil dà chloc air an sioncronadh, agus a' dearbhadh gu bheil an dà chloc sin ag obair gu sioncronach. Tha an dòigh aige air a mhìneachadh agus air a thuigsinn gu furasta le bhith a' cleachdadh modal didseatach.

Mar eisimpleir, bidh neach-amhairc A a' cur buille aotrom eight o'clocksa mhadainn. Tha ochd uairean de thìde t_A ($t_A = 8$)

Ma tha an dà chloc air an sioncronachadh, bu chòir don ghleoc ann an neach-amhairc B sealltainn eight o'clock.

Bidh toiseach a' chuisle solais a' ruighinn puing B, agus an uairsin, tha gleoc an neach-amhairc a tha suidhichte aig puing B a' sealltainn ten o'clock. Ten o'clockis e an t-àm t_B ($t_B = 10$). Ma tha an dà chloc air an sioncronadh, bu chòir do ghleoc neach-amhairc A sealltainn cuideachd ten o'clock.

Tha an giùlan air a nochdadh le puing B agus a' tilleadh gu neach-amhairc A aig twelve o'clock. Twelve o'clockis e an t-àm t'_A ($t'_A = 12$). Ma tha an dà chloc air an sioncronachadh, feumaidh an gleoc aig puing B sealltainn cuideachd twelve o'clock.

Bidh an pulse solais a' siubhal an astar bho A gu B airson dà uair a thìde, agus an astar air ais bho B gu A, airson dà uair cuideachd.

A rèir mìneachadh Einstein tha an dà ghleoc ag obair gu co-shìnte ma tha:

$t_B - t_A = t'_A - t_B$

Cuiridh sinn na luachan àireamhach aca an àite amannan ùine agus gheibh sinn na leanas:

10-8=12-10 2=2 air fhaighinn .

Tha co-aontar fìor gus am bi clocaichean air an sioncronadh. Tha a h-uile dad gu math furasta agus tha an leughadair cinnteach nach eil feum air beachdan sam bith.
Gu mì-fhortanach, chan eil seo fìor.
A-nis còmhla riut, a leughadair ghràdhaich, nì sinn sgrùdadh faiceallach air dòigh Albert Einstein.
Tha Albert Einstein ag ràdh na leanas:

Leig gu dìreach an-dràsta t $_A$ a dh'ionnsaigh " àm A " tha aon sail solais a' dol bho A gu B an-dràsta t $_B$ a dh' ionnsaigh " àm B " air a nochdadh bho B gu A agus aig an àm seo t' $_A$ a dh'ionnsaigh " ùine A" a 'tilleadh air ais gu A ".

Bho na chaidh a ràdh tha e a' leantainn nuair a ruigeas an t-sail puing B feumaidh e a bhith air a nochdadh le puing B agus tòiseachadh a' gluasad an taobh eile gu puing A. Chan eil Albert Einstein a' mìneachadh mar a tha an sail-solais air a nochdadh. Chan eil Einstein a' sealltainn dòigh shònraichte anns am bi an solas air a nochdadh agus tòisichidh e a' gluasad bho phuing B gu puing A.

Tha fios againn uile gu bheil solas air a nochdadh nas fhasa tro sgàthan.

Mar eisimpleir ann an artaigil GB Malinin "Air comasachd deuchainn deuchainneach air an dàrna postulate de theòiridh sònraichte mu choibhneas" Adhartas Saidheansan Fiosaigeach, 2004, leab. 174).

Air an adhbhar seo tha sinn a' co-dhùnadh sgàthan a chleachdadh le bhith a' cur sgàthan ann am puing B. Tha uachdar meòrachail an sgàthan air a stiùireadh gu puing A.

Gus a dhèanamh soilleir, faic Figear 1.

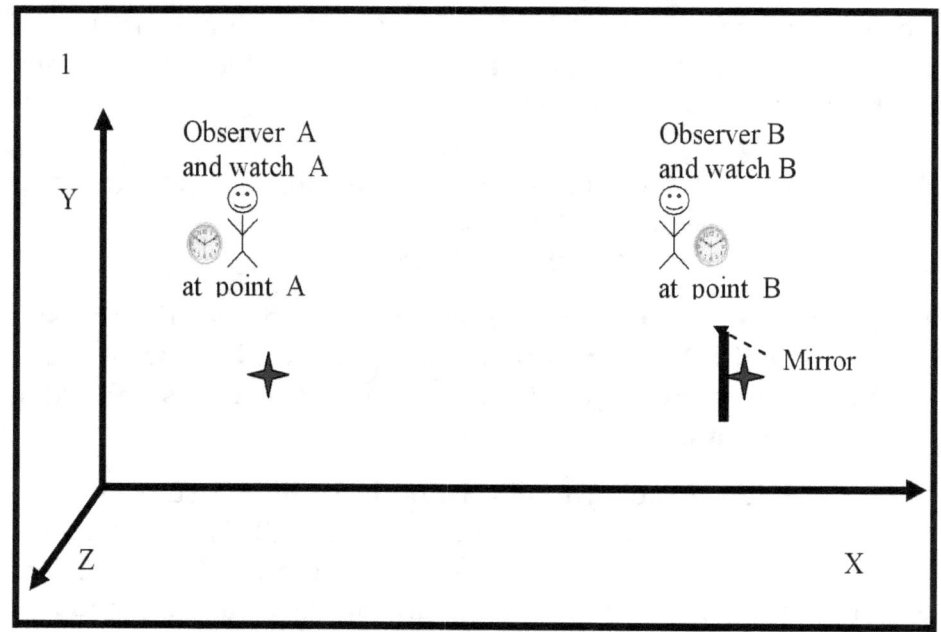

Ann am Figear 1, chithear:
Co-òrdanachadh siostam XYZ.
Puing A far a bheil an neach-amhairc A suidhichte uidheamaichte le gleoc A.
Puing B far a bheil an neach-amhairc B suidhichte uidheamaichte le gleoc B. Tha sgàthan air a chuir air beulaibh puing B a dh' fhaodadh beam solais a nochdadh.
Puing Tha A agus puing B air an comharrachadh leis an t-samhla "  ".

Tha na clocaichean ann am puing A agus puing B mar an ceudna. Thathas a' gabhail ris nuair a tha na clocaichean mar an ceudna gu bheil iad a' tomhas an aon uair.
Chan eil fios aig neach-amhairc A mar a tha làmhan neach-amhairc B a' gluasad. Agus a chaochladh, chan eil fios aig neach-amhairc B mar a tha làmhan neach-amhairc A a' gluasad.

A' CHIAD MHEARACHD AIG EINSTEIN

Feumaidh na clocaichean a bhith air an sioncronachadh.
gun tèid gluasad dà làmh cloc a shioncronachadh air a dhèanamh le bhith a' cleachdadh beam solais. Tha modh Albert Einstein ag ràdh gu bheil neach-amhairc A a' cur beam solais gu neach-amhairc B. 'S e cuisle goirid, caol, aotrom a tha seo. Faodar laser a chleachdadh.
Faic figear 2.

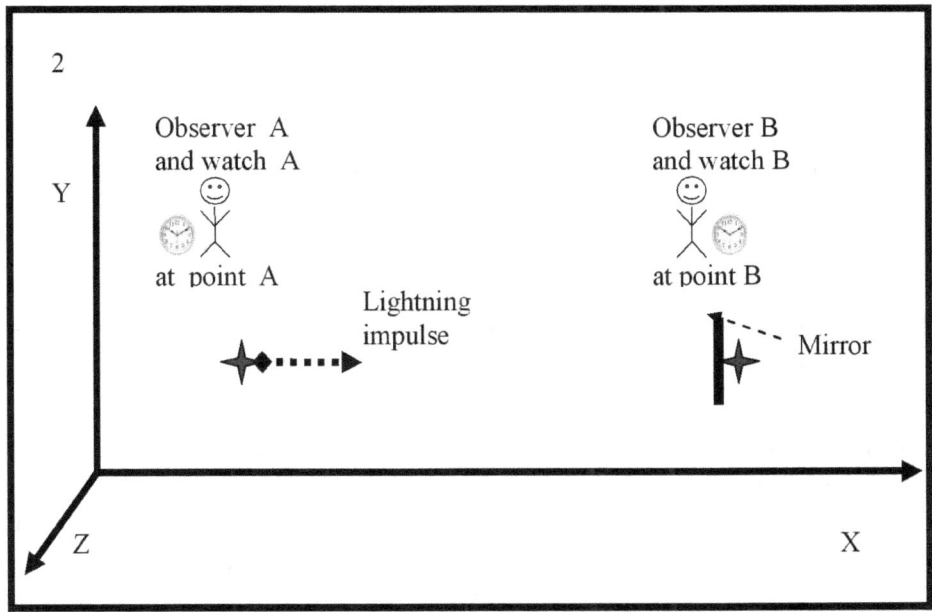

Air figear 2 chithear buille solais laser .
Tha toiseach is deireadh aig a' chuisle solais. Is e tachartas a tha a' tachairt aig àm t_A . Bidh Neach-amhairc A a' dearbhadh a' mhionaid ùine $t_{A \text{ tron ghleoc aige a tha faisg air}}$ puing A. Tha cuimhne aig an neach-coimhid ann am puing A gun do thachair an tachartas "crìonadh nuair a thòisich a' chuisle solais" aig àm t_A.
an cuisle solais a' tòiseachadh a' gluasad a dh'ionnsaigh an neach-amhairc a tha suidhichte aig puing B.
Faic Figear 3.

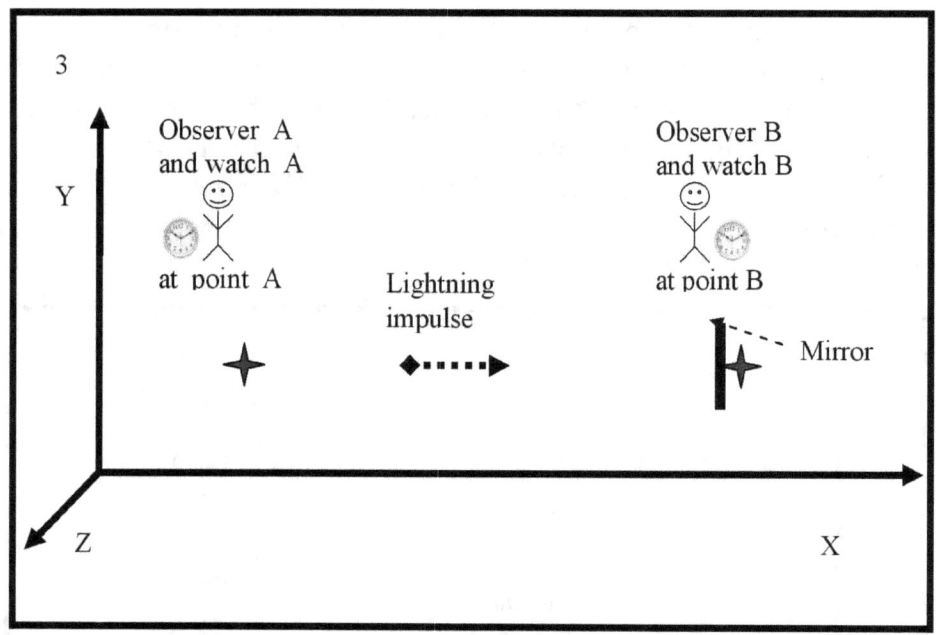

Air figear 3 thathas a' faicinn gu bheil a' chuisle solais ri lorg am badeigin eadar puing A agus puing B.

Chan urrainn don neach-amhairc a tha suidhichte aig puing A sùil a chumail air gluasad an t-solais solais. Ach tha fios aig an neach-amhairc a tha suidhichte ann am puing A (tha fiosrachadh agad) gu bheil an t-seam solais a' gluasad a dh' ionnsaigh an neach-amhairc a tha suidhichte aig puing B, agus gum bi an beam solais air a nochdadh leis an sgàthan (a tha air a chuir aig puing B) agus gun till e air ais chun phuing. A.

Bidh an neach-amhairc ann am puing A gu faiceallach a' leantainn leughaidhean a ghleoc agus a' feitheamh ris an t-solas solais a thilleadh gu puing A.

Bidh an pulse solais a' ruighinn puing B.
Faic figear 4.

A' CHIAD MHEARACHD AIG EINSTEIN

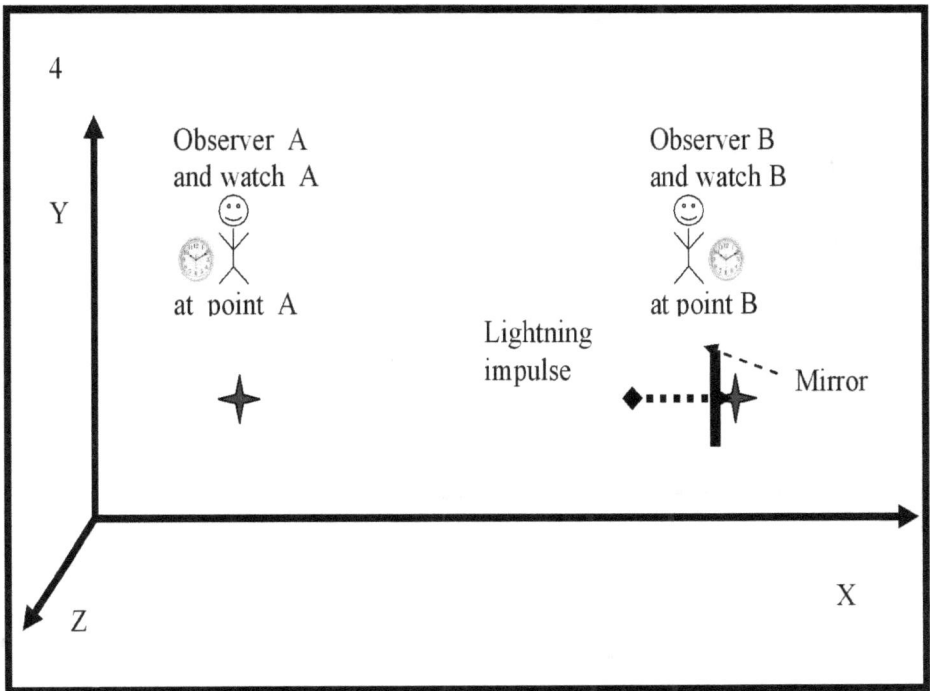

Tha Figear 4 a' sealltainn gu bheil an neach-amhairc aig puing B a' mothachadh gu bheil a' chuisle solais a' tighinn agus a' faicinn mar a tha e air a nochdadh leis an sgàthan. Tha teachd an t-solais solais gu puing B agus meòrachadh an t-solais solais leis an sgàthan nan dà thachartas a tha a' tachairt aig an aon àm t_B.
Faic Figear 5.

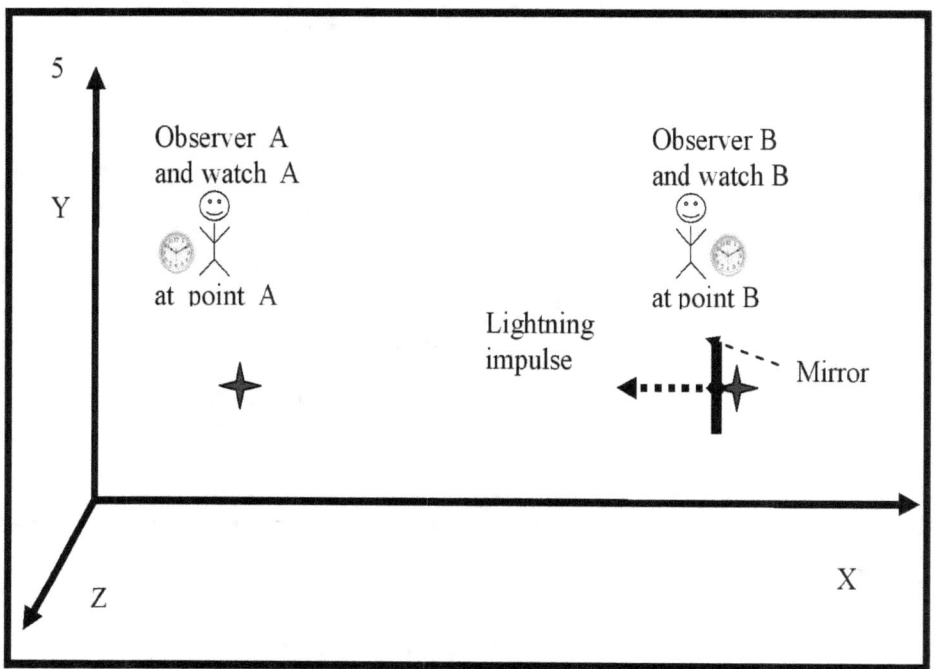

Tha Figear 5 a' sealltainn teachd agus meòrachadh a' chuisle solais. Tha an neach-amhairc ann am puing B a' toirt fa-near gu bheil an dà thachartas seo (ruigsinn agus meòrachadh) a' tachairt aig an aon àm t_B. Tha àm na h-ùine t_B air a chlàradh leis na leughaidhean de làmhan cloc an neach-amhairc ann am puing B. Tha cuimhne aig an neach-amhairc a tha suidhichte aig puing B gu bheil ruighinn agus meòrachadh an t-solais solais a' tachairt aig àm t_B.

Tha an cuisle solais air a nochdadh leis an sgàthan agus a' gluasad air ais gu puing A, far a bheil neach-amhairc A suidhichte.
Faic Figear 6.

A' CHIAD MHEARACHD AIG EINSTEIN

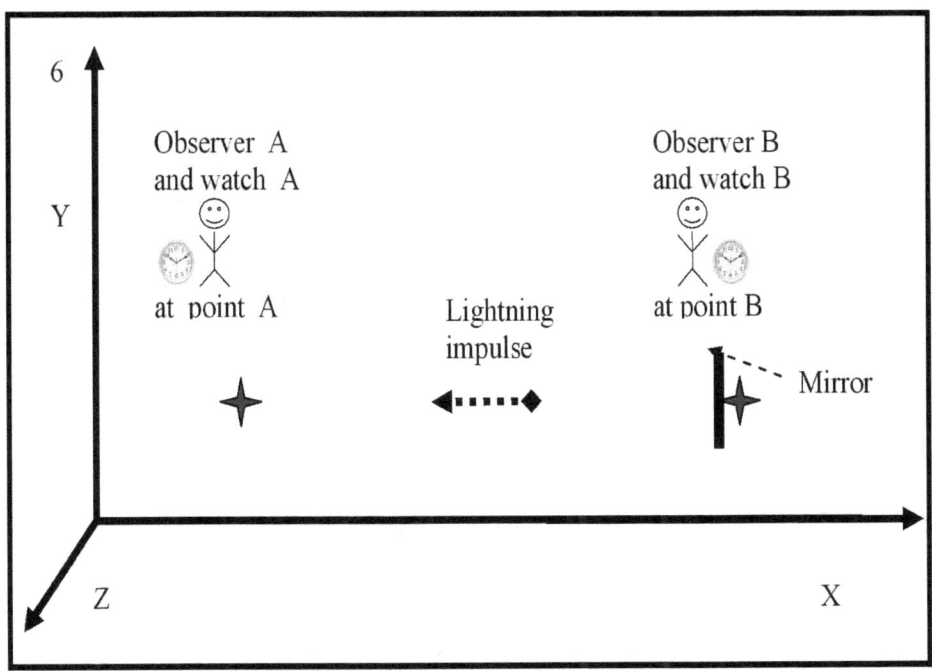

Tha Figear 6 a' sealltainn gu bheil an cuisle solais suidhichte am badeigin eadar puing A agus puing B. Chan urrainn don neach-amhairc aig puing A agus an neach-amhairc aig puing B sùil a chumail air gluasad cuisle an t-solais ach tha fios aca gu bheil a' chuisle a' gluasad bho phuing B gu puing A.

Bidh an pulse solais a' ruighinn puing A.

Faic Figear 7.

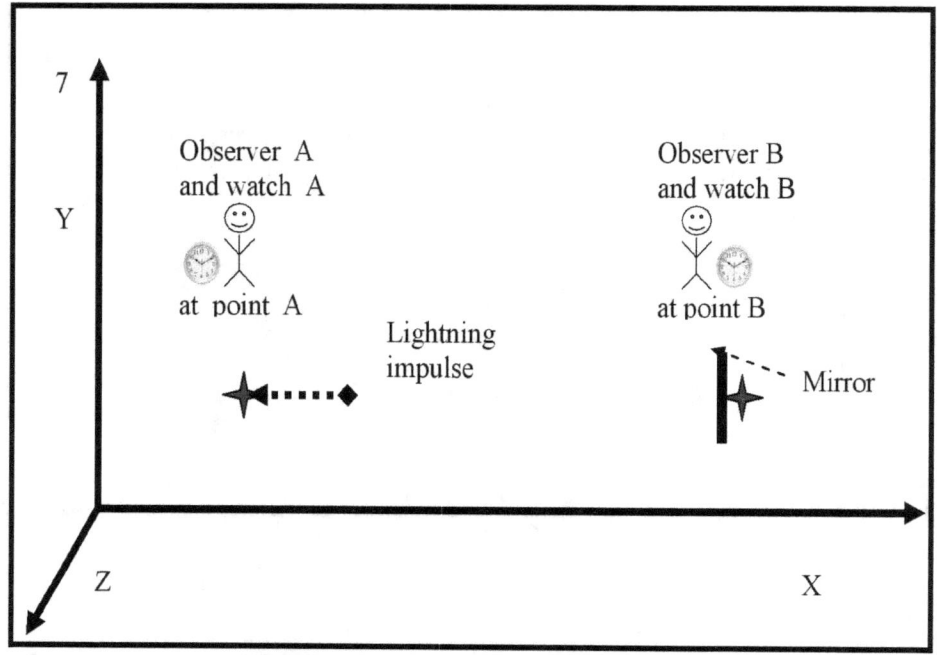

Tha Figear 7 a' sealltainn gur e tachartas a tha a' tachairt a th' ann an ruighinn cuisle gu puing A. Tha an neach-amhairc ann am puing A a' toirt fa-near gu bheil teachd a' chuisle solais a' tachairt aig àm t'$_{A.\ Bithear}$ a' tomhas na h-ùine a th' aig t'$_A$ leis na leughaidhean a tha suidhichte aig puing A. Bidh an neach-amhairc ann am puing A a' cuimhneachadh air a' mhionaid t A $_{oir\ tha}$ an t-àm t A a dhìth gus an dà chloc a shioncronachadh.

Às deidh coileanadh an deuchainn inntinn, fhuaireadh ceithir toraidhean cudromach.

A 'chiad toradh cudromach:
Tha fios aig an neach-amhairc aig puing A air luach àireamhach ùine tA nuair a dh' fhalbh cuisle an t-solais bho phuing A agus tha fios aige air luach àireamhach ùine tA nuair a tha cuisle an t-solais air tilleadh gu puing A.

An dàrna toradh cudromach:

Chan eil fios aig an neach-amhairc aig puing A air luach àireamhach na h-ùine aig t_B nuair a ruigeas buille an t-solais puing B.

An treas toradh cudromach:
Tha fios aig an neach-amhairc aig puing B gu bheil buille an t-solais air puing B a ruighinn, aig an àm a chaidh t_B a chlàradh le cloc B.

An ceathramh toradh cudromach:
Chan eil fios aig an neach-amhairc aig puing B air luach àireamhach na h-ùine (t_A) nuair a dh' fhàgas a' phuing-solais puing A agus nach eil fios aige air luach àireamhach na h-ùine (t'_A) nuair a tha cuisle an t-solais air falbh. air ais gu puing A.

Gus an dà ghleoc a shioncronachadh (a rèir Albert Einstein), feumar na cumhaichean a leanas a choileanadh:
$$t_B - t_A = t'_A - t_B$$
Gus an abairt matamataigeach a sgrìobhadh, feumaidh fios a bhith aig co-dhiù aon den dithis luchd-amhairc no an neach-amhairc a tha suidhichte ann am puing A, no an neach-amhairc a tha suidhichte aig puing B, air na trì luachan àireamhach aig amannan ùine. t_A, t_B agus t'_A.

Gu mì-fhortanach, chan eil fios aig gin den dithis luchd-amhairc, a' chiad fhear a tha suidhichte ann am puing A agus an dàrna fear aig puing B air na trì luachan aig na h-amannan ùine t_A, t_B agus t'_A.

Faic Figear 8.

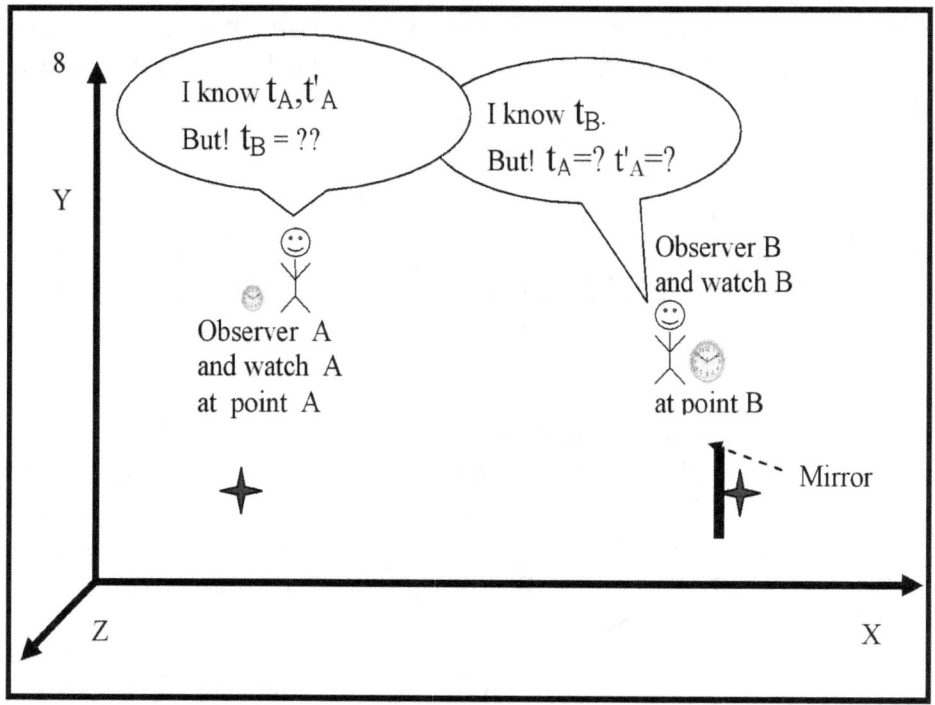

Ach an uairsin, chan urrainn dha gin den luchd-amhairc, a' chiad fhear a tha suidhichte ann am puing A agus an dàrna fear suidhichte aig puing B, an abairt matamataigeach a sgrìobhadh ($t_B - t_A = t'_A - t_B$), leis a bheil na h-amannan ùine air an co-dhùnadh. Leis nach urrainnear an abairt matamataigeach a sgrìobhadh, tha e a' leantainn nach urrainn do luchd-amhairc an dà ùine a thomhas. Mura h-urrainn don luchd-amhairc an dà ùine a thomhas, chan urrainn dhaibh an dà chloc a shioncronachadh.

e a' cheist a tha ag èirigh an do rinn Albert Einstein mearachd dha-rìribh? Is dòcha gu bheil sinn nar mion-sgrùdadh air rudeigin troimh-chèile?

Tha ar mion-sgrùdadh agus na co-dhùnaidhean a rinn sinn ceart. Ma tha sgàthan air a chleachdadh ann an dòigh Albert Einstein gus buille an t-solais a nochdadh, chan urrainnear na clocaichean a shioncronachadh.

Is e an duilgheadas a th' ann nach eil Albert Einstein air mìneachadh gu mionaideach mar a bu chòir an deuchainn smaoineachaidh a thoirt gu buil. Tha mion-fhiosrachadh glè chudromach nuair a thèid deuchainn smaoineachaidh a dhèanamh, ach gu mì-fhortanach tha Albert Einstein air an fhìrinn seo a leigeil seachad.

Anns an t-suidheachadh seo, feumaidh sinn smaoineachadh agus beachdachadh air na bha Albert Einstein ag iarraidh a ràdh. Nuair a thuigeas sinn beachd Albert Einstein, feumaidh sinn dòigh agus dòigh sioncronaidh an dà ghleoc atharrachadh agus an uairsin sgrùdadh a dhèanamh air na toraidhean a-rithist.

Tha sinn air tuigsinn mar-thà gu bheil an neach-amhairc a tha suidhichte aig puing A eòlach air t_A agus t'_A ach chan eil fios aige air a' mhionaid ùine t_B agus chan urrainn dha an dà ùine eadar-dhealaichte obrachadh a-mach agus sealltainn gu bheil iad co-ionann.

Tha a' cheist ag èirigh: ciamar a tha an neach-amhairc ann am puing A a' tuigsinn luach àireamhach a' mhionaid t_B?

Tuigidh an neach-amhairc A luach àireamhach na h-ùine aig àm t_B (an gleoc a tha suidhichte aig puing B) le bhith ag amharc gu dìreach air dial a' ghleoc a chuirear ann am puing B. Cèitean an e sin dìreach a bha am beachd Albert Einstein? Ma tha, feumaidh an t-solais solais a chuir an neach-amhairc A gu neach-amhairc B an dial gleoc a tha suidhichte aig puing B a shoilleireachadh agus a bhith air a nochdadh le dial cloc B. An uairsin cha bu chòir sgàthan a bhith aig puing B. An àite a' ghleoc sgàthan bu chòir gleoc neach-amhairc B a chuir.

A-nis seallaidh sinn ceum air cheum ann am mion-fhiosrachadh, le grunn fhigearan brìgh an deuchainn smaoineachaidh ùr.
Faic Figear 9.

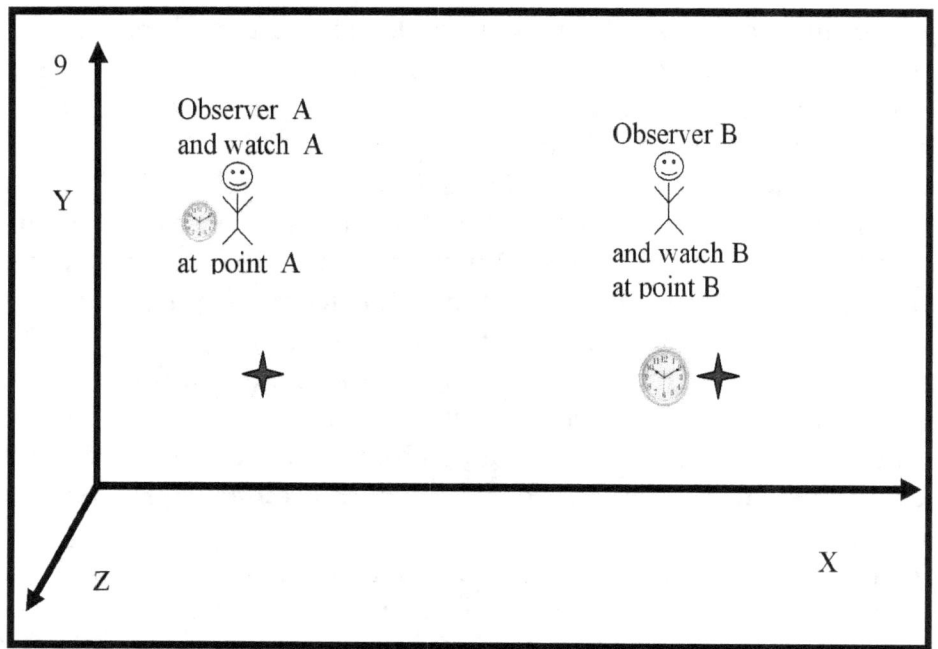

Tha an dà neach-amhairc air an sealltainn ann am Figear 9. Tha a ' chiad neach-amhairc suidhichte faisg air puing A. Ri taobh an neach-amhairc tha gleoc A. Tha an dàrna neach-amhairc suidhichte faisg air puing B. Tha gleoc an neach-amhairc B air a chuir ann am puing B (air beulaibh puing B). Tha gleoc neach-amhairc B air a chuir air àite an sgàthan. Tha dial a' ghleoc B air a stiùireadh gu neach-amhairc A. Nuair a tha dial cloc A air a stiùireadh gu puing A, soillseachaidh buille an t-solais an dial agus thèid a nochdadh air ais gu neach-amhairc A.

Tha an deuchainn ùr air a dhèanamh ann an dòigh eile. Tha na suidheachaidhean tùsail eadar-dhealaichte. Is e am prìomh eadar-dhealachadh gum bu chòir don neach-amhairc a tha suidhichte aig puing A suidheachadh làmhan a' ghleoc fhaicinn air a chuir ann am puing B an-dràsta nuair a thig beam solais a-steach gu gleoc B agus a' soilleireachadh dial cloc B.

Aig àm an t-soillseachaidh, seallaidh na làmhan luach àireamhach na h-ùine t_B.

Tha a' cheist ag èirigh: ciamar a ghabhas dèanamh gus leigeil le neach-amhairc A faicinn an dearbh mhionaid de shoillseachadh dial cloc B?

Tha am freagairt furasta. Tha seo a 'ciallachadh gum bu chòir an deuchainn a dhèanamh anns an dorchadas. Mar sin, nuair a bhios sinn a' dèanamh an deuchainn smaoineachaidh, bidh sinn "a' tionndadh an t-solais dheth ".

Faic Figear 10.

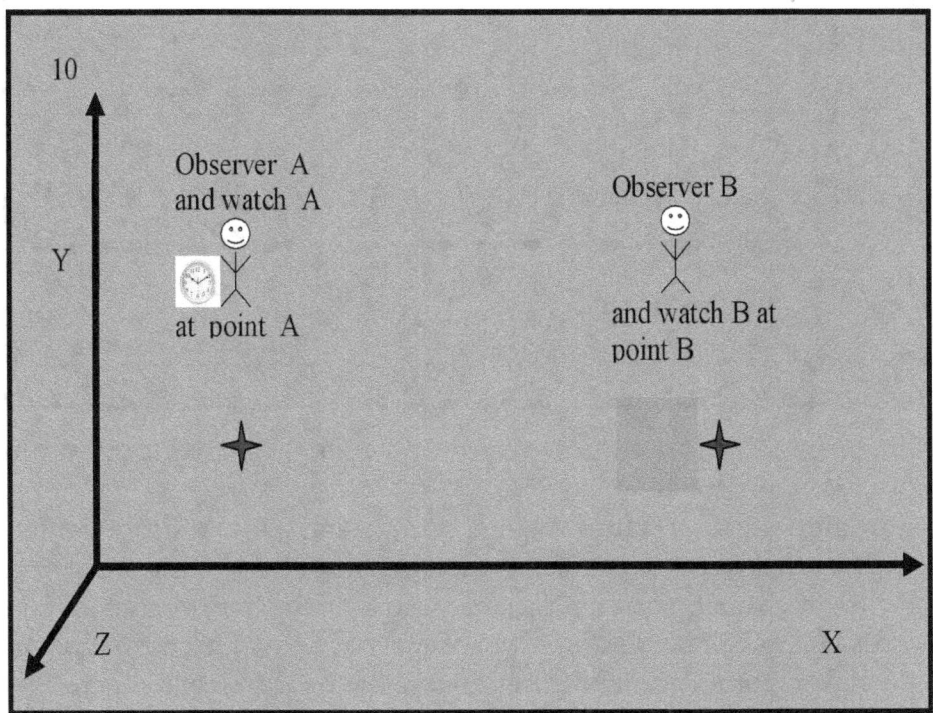

Tha Figear 10 a' sealltainn gu bheil an neach-amhairc a tha suidhichte aig puing A a' faicinn làmhan a ghleoc A (a tha air a shoilleireachadh gu aotrom) ach nach eil e a' faicinn saighdean a' ghleoc suidhichte aig puing B leis gu bheil e dorcha.

Chan fhaic an neach-amhairc a tha suidhichte aig puing B làmhan a ghleoc B. Bidh an neach-amhairc A a' cur sail solais gu neach-amhairc B.

Faic Figear 11 .

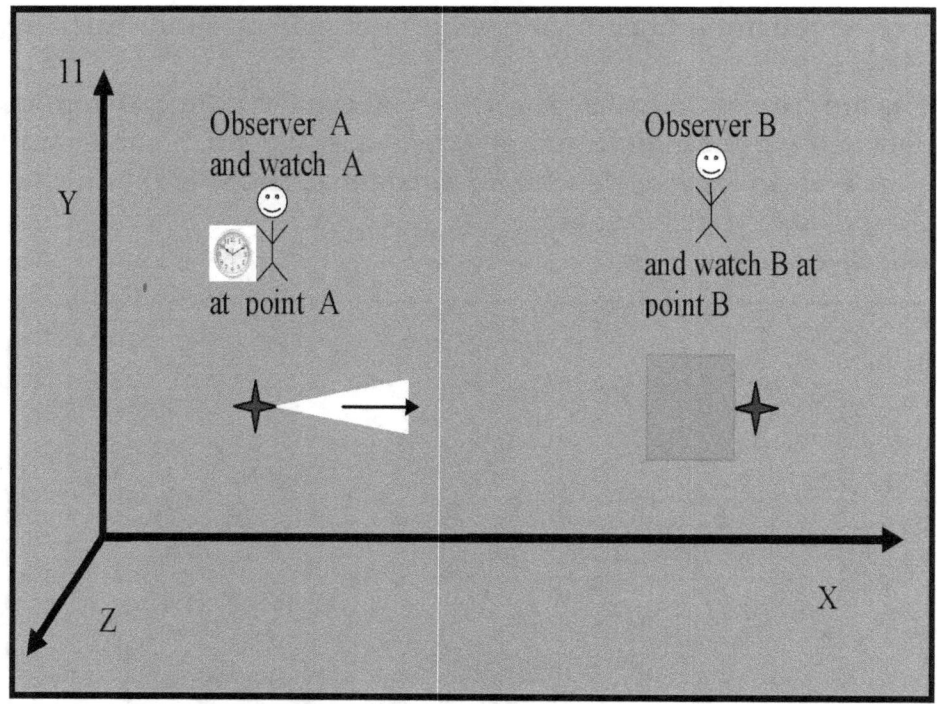

Tha Figear 11 a' sealltainn gur e stòr a' chuisle solais flashlight le fòcas air a' ghleoc B.

Feumaidh sinn a chuimhneachadh, nuair a chaidh a' chiad deuchainn smaoineachaidh a dhèanamh, gur e leusair a bh' ann an tùs a' chuisle solais. Tha an eadar-dhealachadh eadar cuisle solais laser agus cuisle solais flashlight na fheart glè chudromach. Chì sinn gu bheil an dearbh eadar-dhealachadh seo eadar an solas laser agus an solas flashlight ag atharrachadh an dòigh air an dà ghleoc a shioncronachadh.

Is e tachartas a tha a' tachairt aig àm t_A. Bidh Neach-amhairc A a' dearbhadh a' mhionaid ùine t_A tron ghleoc aige a tha faisg air puing A. Tha an neach-amhairc aig puing A a' cuimhneachadh gun do thachair an tachartas "nuair a thòisich an t-solas pulse" aig àm t_A.

Bidh an t-solas solais a' tòiseachadh a' gluasad a dh'ionnsaigh an neach-amhairc a tha suidhichte aig puing B. Tha toiseach an t-solais solais suidhichte am badeigin eadar puing A agus puing B.
Faic Figear 12

A' CHIAD MHEARACHD AIG EINSTEIN

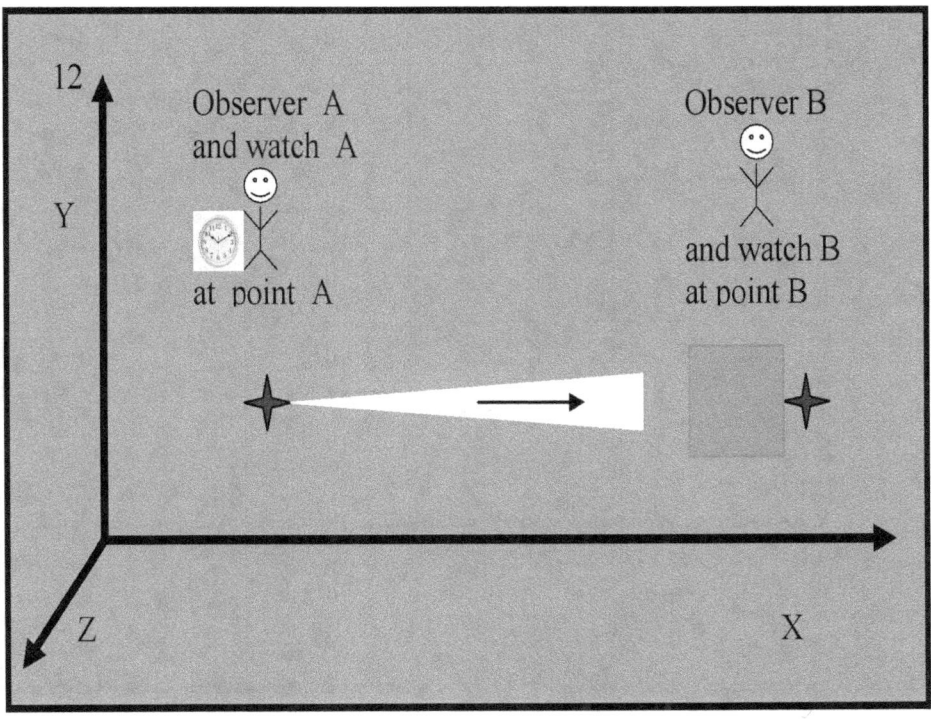

Tha Figear 12 a' sealltainn nach urrainn don neach-amhairc aig puing A sùil a chumail air gluasad an t-solais solais a' tòiseachadh. Ach tha fios aig an neach-amhairc a tha suidhichte aig puing A (tha fiosrachadh aige) gu bheil toiseach an t-solais solais a' gluasad a dh' ionnsaigh an neach-amhairc a tha suidhichte aig puing B agus bidh toiseach beam solais air a nochdadh le dial a' ghleoc air a chuir ann am puing B agus tillidh e air ais gu , puing A.

Bidh tòiseachadh an t-solais solais a' ruighinn puing B agus a' soilleireachadh dial a' ghleoc a tha air a chuir air beulaibh puing B. Faic Figear 13 .

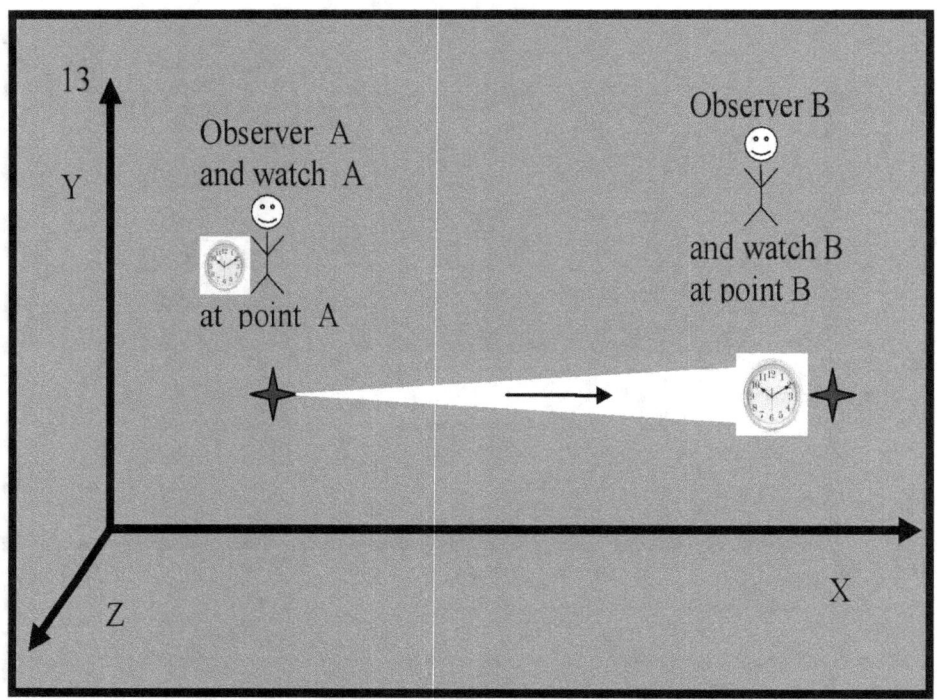

Tha Figear 13 a' sealltainn nuair a tha prìomh aghaidh an t-solais solais a' soilleireachadh dial cloc B, chì an neach-amhairc aig puing B dial cloc B. Chì an neach-amhairc a tha suidhichte aig puing B suidheachadh saighdean cloc B. An seallaidh saighdean an t- àm t_B.

a ' tachairt aig an aon àm t_B. Tha an neach-amhairc ann am puing B a' toirt fa-near gu bheil na trì tachartasan sin (ruigsinn, soillseachadh agus meòrachadh) a' tachairt aig an aon àm t_B. Tha cuimhne aig an neach-amhairc a tha suidhichte aig puing B gu bheil ruighinn, soillseachadh agus meòrachadh an t-solais solais air tachairt aig àm àm t_B.

Tha e glè chudromach a bhith air a thuigsinn agus air a chuimhneachadh nuair a chì an neach-amhairc a tha suidhichte aig puing B làmhan a ' ghleoc soillsichte a tha suidhichte aig puing B (a tha a' nochdadh a' mhionaid t_B), nach fhaic an neach-amhairc a tha suidhichte aig puing A an gleoc. làmhan suidhichte aig puing B. Bidh an neach-amhairc A a' coimhead air a' ghleoc B ach a' faicinn dorchadas. Tha seo air sgàth 's nach eil an sail solais a tha air a nochdadh leis a' ghleoc B, fhathast air ruighinn chun neach-amhairc A.

Faic Figear 14.

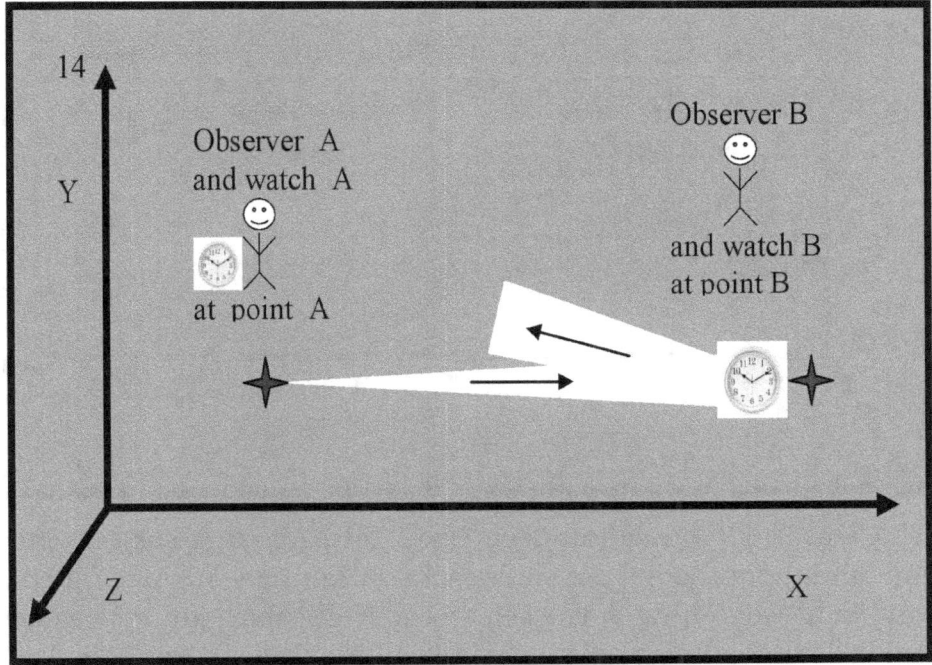

Tha Figear 14 a' sealltainn gu bheil toiseach an t-solais solais an àiteigin eadar an dithis luchd-amhairc.

Nuair a ruigeas an giùlan a tha air a nochdadh gu neach-amhairc A, dìreach an uairsin, chì e soillseachadh a' ghleoc aig puing B.

Tha meòrachadh air an t-solas le dial a' ghleoc a tha suidhichte aig puing B na eileamaid glè chudromach den deuchainn a tha sinn a' dèanamh. Tha meòrachadh an t-solais solais le dial a' ghleoc gu bunaiteach eadar-dhealaichte an taca ri faileas an t-seam laser le sgàthan.

Às deidh a' mheòrachadh le dial cloc B bidh tòiseachadh beam solais a' giùlan an ìomhaigh aotrom air dial soillsichte a' ghleoc a tha suidhichte aig puing B.

Faic Figear 15.

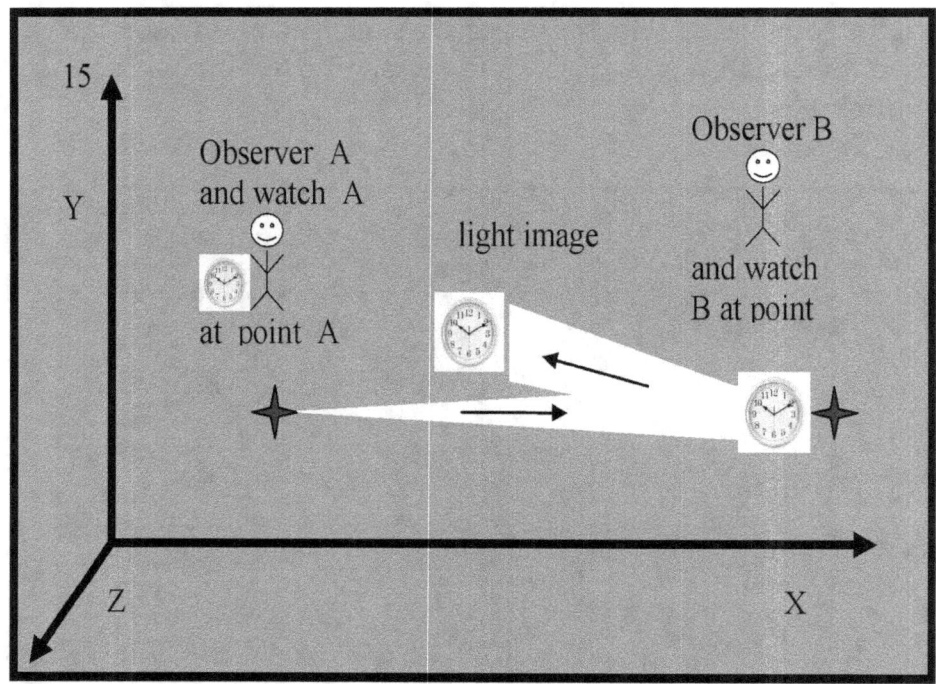

Tha Figear 15 a' sealltainn gu bheil toiseach an t-solais solais air "cuimhneachadh" air suidheachadh làmhan a' ghleoc a tha suidhichte aig puing B. Is e seo an eadar-dhealachadh mòr eadar an dà dheuchainn smaoineachaidh a bhios sinn a' sgrùdadh. Ann a bhith a' dèanamh a' chiad deuchainn, tha a' chuisle solais bho leusair a tha air a nochdadh le sgàthan agus nach eil a' giùlan ìomhaigh aotrom. Is e gleus solais àbhaisteach a th' ann an cuisle solais laser meòrachail.

Tha an fhìrinn seo glè chudromach, is e sin as coireach gum feumar a thuigsinn agus a chuimhneachadh gu bheil toiseach beam solais san dàrna deuchainn a' giùlan *fiosrachadh* mu shuidheachadh làmhan cloc air a chuir aig puing B. Is e seo *fiosrachadh* mu luach cainneachdail, àireamhach an mionaid t_B.

Tha an cuisle solais an àiteigin eadar puing A agus puing B.

Chan urrainn don neach-amhairc aig puing A agus an neach-amhairc aig puing B sùil a chumail air gluasad na cuisle solais, ach tha fios aca gu bheil a' chuisle a' gluasad bho phuing B gu puing A agus gu bheil e a' giùlan ìomhaigh aotrom dial soillsichte a' ghleoc

a tha suidhichte aig a' phuing. B.
Faic Figear 16.

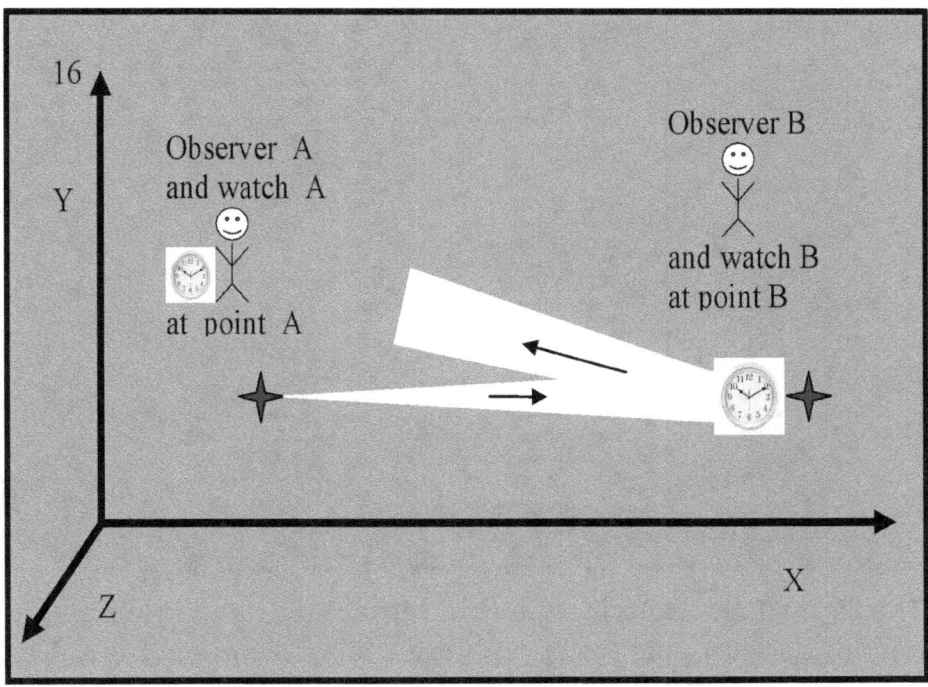

Chan eil Figear 16 a' sealltainn ìomhaigh aotrom dial soilleir a' ghleoc a tha suidhichte aig puing B, ach tha fios aig an luchd-amhairc agus tha fios againn gu bheil e ann.
Bidh an pulse solais a' ruighinn puing A.
Faic Figear 17.

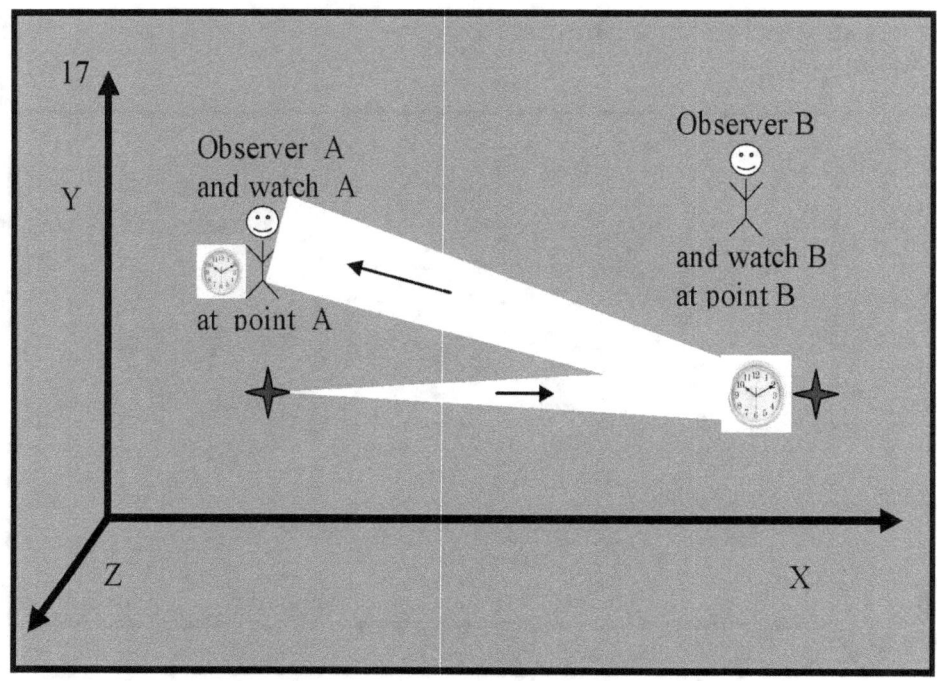

Tha Figear 17 a' sealltainn, nuair a ruigeas buille an t-solais neach-amhairc A, gum faic e dial a' ghleoc suidhichte aig puing B. Tha toiseach a' chuisle solais a' sealltainn suidheachadh làmhan a' ghleoc aig puing B. Suidheachadh làmhan a' ghleoc B. a' sealltainn an t-àm t_B. Nuair a chì an neach-amhairc a tha suidhichte ann am puing A suidheachadh làmhan cloc B, gheibh e fiosrachadh mu luach cainneachdail (luach àireamhach) na h-ùine aig t_B.

Tha seo $_a$' tachairt an-dràsta aig A. Tha an neach-amhairc ann am puing A a' toirt fa-near gu bheil teachd a' chuisle solais, agus fàilteachadh an fhiosrachaidh, a' tachairt aig àm t'_A. Tha tomhas na h-ùine t'_A air a leughadh leis na leughaidhean a' ghleoc a tha suidhichte aig puing A. Tha cuimhne aig an neach-amhairc aig puing A air a' mhionaid ùine t'_A oir tha an t-àm t'_A a dhìth airson an dà rud a shioncronachadh clocaichean.

Tha na thuirt sinn air leth cudromach. Bu chòir a thuigsinn agus a chuimhneachadh gu bheil:

Aig àm sònraichte $_{tha}$ an neach-amhairc A a ' faighinn fiosrachadh mu àm t_B.

Tha an deuchainn smaoineachaidh gus an dà ghleoc a shioncronachadh deiseil. Às deidh an deuchainn smaoineachaidh a choileanadh, tha na toraidhean a leanas aig neach-amhairc A agus neach-amhairc B:

Toraidhean neach-amhairc B:

Tha fios aig an neach-amhairc aig puing B gu bheil buille an t-solais air ruighinn puing B aig àm t_B agus gu bheil e air a nochdadh leis an sgàthan aig àm t_B air a chlàradh air a' ghleoc aige.

Chan eil fios aig an neach-coimhid aig puing B air luach àireamhach na h-ùine (t_A) nuair a dh' fhalbh cuisle an t-solais bho phuing A agus chan eil fios aige air luach àireamhach na h-ùine (t'_A) nuair a tha cuisle an t-solais air falbh. ràinig sinn puing A. Gus an dà chloc a shioncronachadh (a rèir Albert Einstein), feumar coinneachadh ris a' chumha a leanas:

$t_B - t_A = t'_A - t_B$

Gus an tèid an abairt matamataigeach a sgrìobhadh, feumaidh fios a bhith aig an neach-amhairc a tha suidhichte aig puing B air na trì luachan àireamhach aig amannan ùine t_A, t_B agus t'_A.

Chan eil fios aig neach-amhairc B air na trì luachan àireamhach aig amannan ùine t_A, t_B agus t'_A. Mar sin, chan urrainn do neach-amhairc B an dà ghleoc a shioncronachadh.

Toraidhean neach-amhairc A:

Tha fios aig an neach-amhairc aig puing A air luach àireamhach ùine tA nuair a tha cuisle an t-solais air falbh bho phuing A.

Tha fios aig an neach-amhairc aig puing A air luach àireamhach na h-ùine aig t_B nuair a tha cuisle an t-solais air ruighinn puing B.

Tha fios aig an neach-amhairc aig puing A air luach àireamhach ùine t'_A nuair a tha buille an t-solais air tilleadh gu puing A.

Tha Albert Einstein ag ràdh gum feumar coinneachadh ris a' chumha a leanas airson sioncronadh an dà chloc:

$t_B - t_A = t'_A - t_B$

Tha eòlas aig neach-amhairc A air na trì luachan àireamhach aig amannan ùine t_A, t_B agus t'_A.

Bidh Neach-amhairc A a' sgrìobhadh a' cho-aontar, ga fhuasgladh, agus a rèir Albert Einstein tha seo gu leòr, agus tha na clocaichean air an sioncronachadh. Tha an deuchainn a tha sinn a' dèanamh

air a chrìochnachadh gu soirbheachail.
A bheil e mar sin dha-rìribh?
Is e am freagairt don cheist seo : Chan eil !
Chan eil an co-dhùnadh gun deach an deuchainn a chrìochnachadh gu soirbheachail fìor. Seallaidh sinn a-nis gur dòcha nach tèid clocaichean a shioncronachadh.
A rèir modh Albert Einstein, feumaidh an t-àm ùine t_B a bhith ann am meadhan an eadar-ama eadar t_A agus t'_A, agus an uairsin tha na clocaichean air an sioncronadh. Cuimhnich sinn:
Bho ochd gu deich tha dà uair a thìde, agus bho dheich gu dà-uair-dheug tha dà uair a thìde. Tha deich ann am meadhan an raoin de ochd gu dusan, agus an uairsin tha na clocaichean air an sioncronadh. Airson Albert Einstein is e seo an rud as cudromaiche.
Ach tha sinn ag agairt gu bheil:
Dh' fhaodadh deich a bhith ann am meadhan an eadar-ama, agus chan eil na clocaichean air an sioncronadh.
Agus sin:
Cha b' urrainn deich a bhith ann am meadhan an eadar-ama, agus tha na clocaichean air an sioncronadh.
Dè a th' anns an dìomhaireachd seo agus ciamar a tha e comasach?!
Tha e comasach oir dhìochuimhnich sinn fìrinn glè chudromach:
Aig àm tìde t', bidh neach-coimhid A a' faighinn fiosrachadh mun mhionaid ùine t_B bho ghleoc eile.
A' faighinn fiosrachadh mun mhionaid ùine t_B ag atharrachadh an dòigh sioncronaidh gu lèir.
Sgrìobhaidh sinn an eisimpleir àireamhach a-rithist.
Bidh an cuisle solais a' falbh aig eight o'clock, a rèir an dà ghleoc a' ruighinn ten o'clock, agus a' tilleadh a-steach twelve o'clock, a rèir an dà ghleoc.
Tha an rud as cudromaiche air a chuimseachadh anns an teirm "a rèir an dà ghleoc."
Tha seo a' ciallachadh gum feum neach-amhairc A (no neach-amhairc B) co-thuiteamas nan tachartasan fhaicinn. Tha na co-thursan trì.

A 'chiad cho-thuiteamas:
Thachair co-thuiteamas an tachartais aig àm eight o'clock, a rèir A leis an tachartas a thachair aig àm eight o'clock, a rèir B.
An dàrna co-thuiteamas:
Thachair co-thuiteamas an tachartais aig àm sònraichte ten o'clock, a rèir A, leis an tachartas a' tachairt aig àm sònraichte ten o'clocka rèir B.
An treas co-thuiteamas:
Thachair co-thuiteamas an tachartais aig àm sònraichte twelve o'clock, a rèir A, leis an tachartas a' tachairt aig àm sònraichte twelve o'clocka rèir B.
Mura h-urrainn do neach-amhairc A no neach-amhairc B na trì co-thuiteamas de thachartasan fhaicinn, chan urrainnear na clocaichean a shioncronachadh.
Tha sinn ag agairt gu bheil:
Nuair a gheibh neach-amhairc A no neach-amhairc B fiosrachadh mu na thachair, chan urrainn dha a bhith a' faicinn co-thuiteamas an tachartais seo le tachartas eile. An uairsin chan urrainn don neach-amhairc an dà ghleoc a shioncronachadh.
A-nis, a-rithist, nì sinn an deuchainn gu faiceallach, gun cabhag sam bith, agus nì sinn mion-sgrùdadh mionaideach.
Gus a dhèanamh soilleir, faic Figear 18.

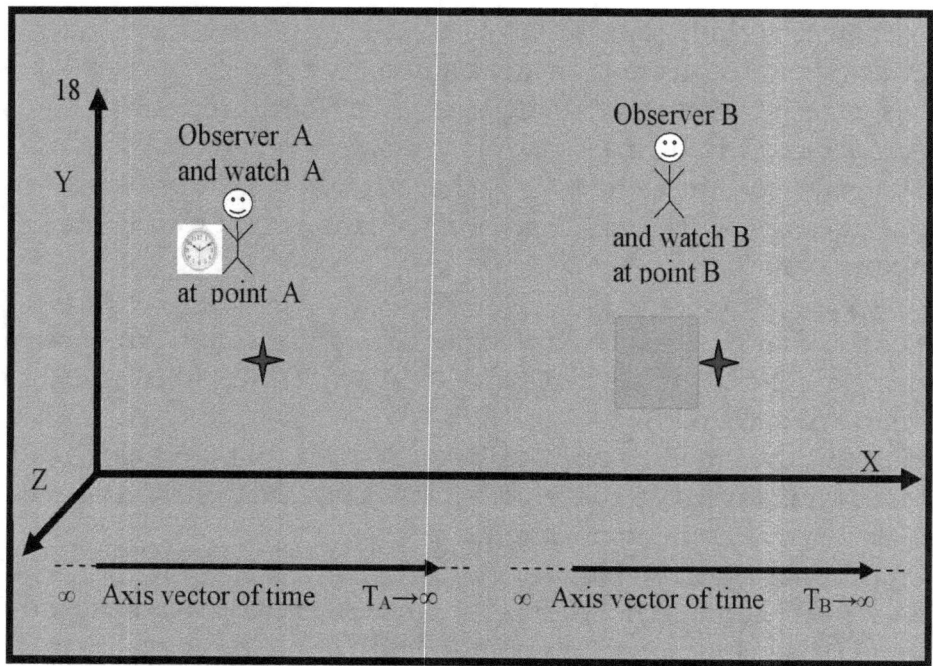

Tha Figear 18 a' sealltainn neach-amhairc A, a chì cloc A, ach nach fhaic cloc B leis nach eil gleoc B air a shoilleireachadh. Chan eil neach-amhairc B, a tha suidhichte aig puing B, a' faicinn gleoc B leis nach eil gleoc B air a shoillseachadh.

Tha dà vectar air an sealltainn aig bonn clì an fhigear. Is iad seo an axis co-òrdanachaidh ùine. Tha an axis ùine chlì (air a shealltainn san fhigear) a' sealltainn mar a tha àm cloc A a' gluasad, deas a' sealltainn mar a ghluaiseas àm cloc B. Thòisich an dà thuagh ùine a' tòiseachadh san àm a dh' fhalbh gun chrìoch agus cumaidh iad a' fàs san àm ri teachd fad às gun chrìoch. Tha an dà thuagh ùine neo-eisimeileach bho chèile seach gu bheil iad de dhà chloc neo-eisimeileach A agus B. Air na tuaghan comharraichidh sinn na h-amannan ùine eadar cloc A agus cloc B.

San dòigh seo, nì sinn coimeas eadar amannan na h-ùine eadar neach-amhairc A agus neach-amhairc B. Bidh sinn comasach air tuigsinn dè an t-àm a chì neach-amhairc A nuair a bhios neach-amhairc B a' coimhead a ghleoc agus a chaochladh - dè an t-àm a chì neach-amhairc B nuair tha neach-coimhid A a' coimhead a ghleoc.

Bidh neach-amhairc A a' cur beam solais gu neach-amhairc B.

Is e stòr an t-solais solais flashlight a tha air a stiùireadh chun ghleoc a tha suidhichte aig puing B.

Is e tachartas a tha a' tachairt aig àm aig àm t_A. Bidh an neach-amhairc A a' dearbhadh a' mhionaid ùine t_A tron ghleoc aige a tha faisg air puing A.

Tha luach àireamhach na h-ùine aig t_A air a shealltainn air an axis cho-chomharran (fectar ùine) de ghleoc A. Tha cuimhne aig an neach-amhairc ann am puing A gu bheil an tachartas "coltas toiseach tòiseachaidh na cuisle solais" air tachairt aig àm t_A.

Faic figear 19.

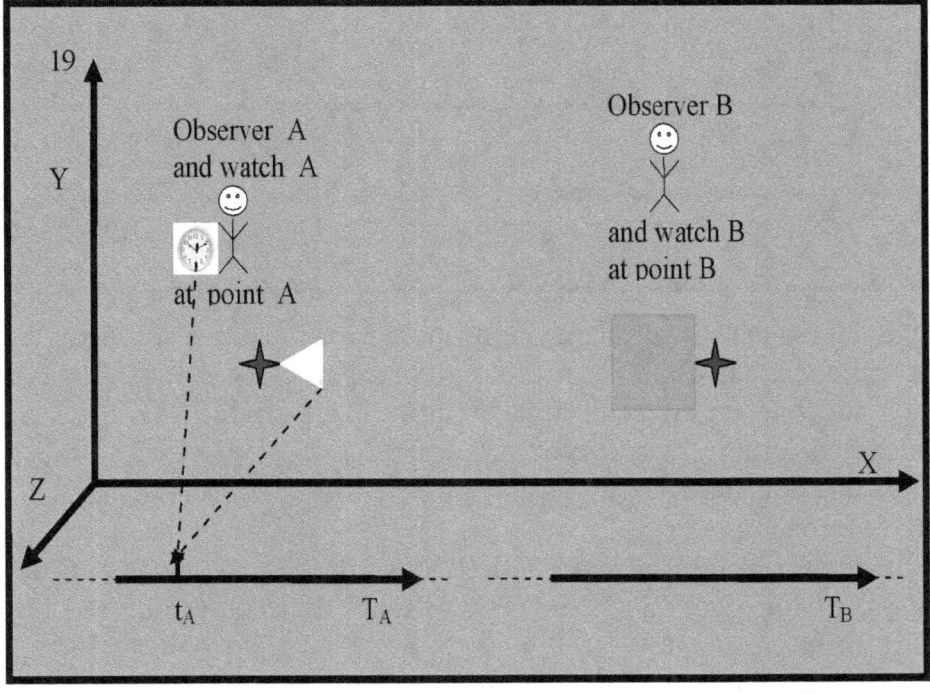

Ann am Figear 19 tha dà làmh neo-leanailteach air an sealltainn air an comharrachadh don mhionaid ùine t_A. Tha a' chiad làmh bhon ghleoc gus an àm t_A. Is e seo an comharra air an uaireadair. Tha an dàrna làmh a' tòiseachadh nuair a thòisich an t-solas solais, a' nochdadh gu bheil an sail-solais air nochdadh aig àm an

àm t $_A$. Nuair a sheallas gleoc neach-amhairc A ùine t $_A$, seallaidh gleoc neach-amhairc B beagan ùine t $_{BA}$.
Faic Figear 20

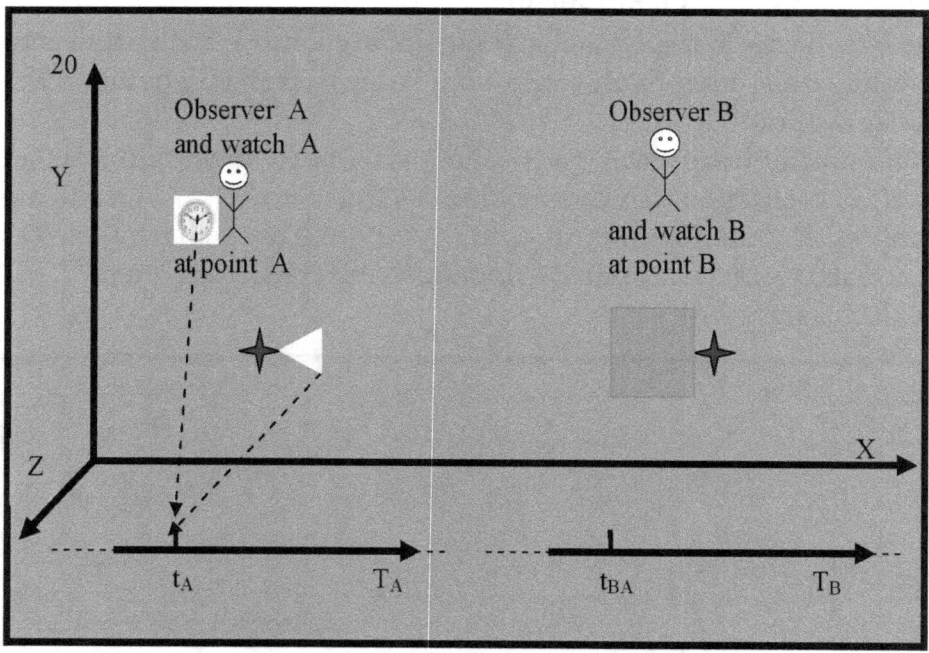

Tha Figear 20 a' sealltainn a' mhionaid ùine t $_{BA}$ a tha air vectar TB a' ghleoc B. Ma ghabhas sinn ris gu bheil an gleoc B agus an gleoc A a' tomhas agus a' sealltainn an aon ùine, feumaidh an t-àm $_{tA}$ a bhith co-ionann ris a' mhionaid ùine tBA.
Tha dà cheist ag èirigh.
Is e a' chiad cheist:
An tuig neach-amhairc A gu bheil an t-àm ùine tA (air a thomhas air a' ghleoc aige) co-ionann ris a' mhionaid ùine moment tBA (air a thomhas le cloc B)?
Is e am freagairt nach eil.
Tha seo air sgàth gu bheil neach-amhairc A a' coimhead air a' ghleoc B, ach tha e dorcha an sin. Tha e dorcha leis nach eil dial a' ghleoc B air a shoilleireachadh leis an t-solas solais. Nuair a ruigeas an t-solas solais cloc B agus nuair a thèid a nochdadh le dial cloc B, agus a thilleas e gu neach-amhairc A, an uairsin chì

neach-amhairc A an t-àm t_{BA} air cloc B. Nuair a chì neach-amhairc A an t-àm t_{BA} air a' ghleoc B, seallaidh e air a ghleoc agus nì e coimeas eadar an ùine t_{BA} de ghleoc B agus àm a ghleoc. Seallaidh an uaireadair aige uair eile, nach eil co-ionann ris an àm mhionaid t_{BA}. Tha seo air sgàth gu bheil an solas a' gluasad aig astar trì cheud mìle km gach diog, agus a' siubhal an astar eadar puing B agus puing A airson ùine fhìor. Tha an fhìor eadar-ama seo na dàil air a chunntadh le gleoc A.

Chan urrainn do Neach-amhairc A sùil a chumail air mar a tha an dà thachartas a' tachairt (a' tachairt ann an amannan ùine), chan urrainn dha coimeas a dhèanamh eadar an dà mhionaid ùine (t_A agus t_{BA}), agus chan urrainn dha an dà chloc a shioncronachadh.

Is e an dàrna ceist :

An tuig neach-amhairc B gu bheil tA co-ionann ri tBA ? Is e am freagairt nach eil. Tha seo air sgàth gu bheil neach-amhairc B a' faicinn gleoc neach-amhairc A (a tha air a shoilleireachadh gu aotrom) ach nach eil e a' faicinn tachartas "solas aotrom" bho phuing A leis gu bheil toiseach an t-solais solais na laighe am badeigin eadar puing A agus puing B.

Toiseach an t-solais solais agus comharradh a' ghleoc A, airson na h-ùine a tha tA a' gluasad còmhla.

Faic Figear 21.

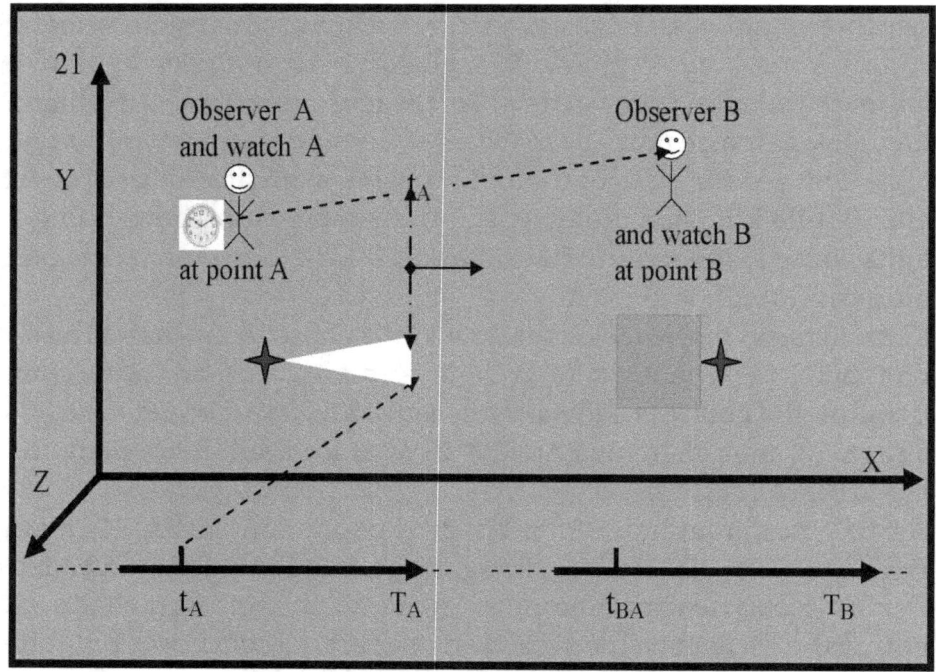

Tha Figear 21 a' sealltainn gu bheil ìomhaigh aotrom a' ghleoc A a' gluasad air an làimh a tha air a bhriseadh a tha a' ceangal a' ghleoc A ris an neach-amhairc B.

Chan fhaic neach-amhairc B an tachartas "imeachd giùlan solais" ach nuair a thig toiseach an t-solais gu neach-amhairc B agus a' soilleireachadh dial a' ghleoc B.

Is e an rud a tha cudromach nach fhaic neach-amhairc B co-thuiteamas an tachartais "mionaid ùine t_{BA} de ghleoc A" leis an tachartas, "mionaid ùine t_{BA} de ghleoc B".

Chan urrainn don neach-amhairc B tuigsinn a bheil t_A co-ionann ri t_{BA} agus chan urrainn dha an t-àm $t_{BA\ a\ dhearbhadh}$.

Chan urrainn don dithis luchd-amhairc a' mhionaid $t_{BA\ a\ dhearbhadh}$. Mar sin, anns na figearan a leanas chan eil an t-àm ùine t_{BA} air a shealltainn air vectar ùine cloc B.

Aig an ìre seo den deuchainn, chan urrainn do luchd-amhairc an dà chloc a shioncronachadh.

Tha an cuisle solais a' leantainn air adhart a' gluasad a dh'ionnsaigh an neach-amhairc a tha suidhichte aig puing B.

Faic figear 22.

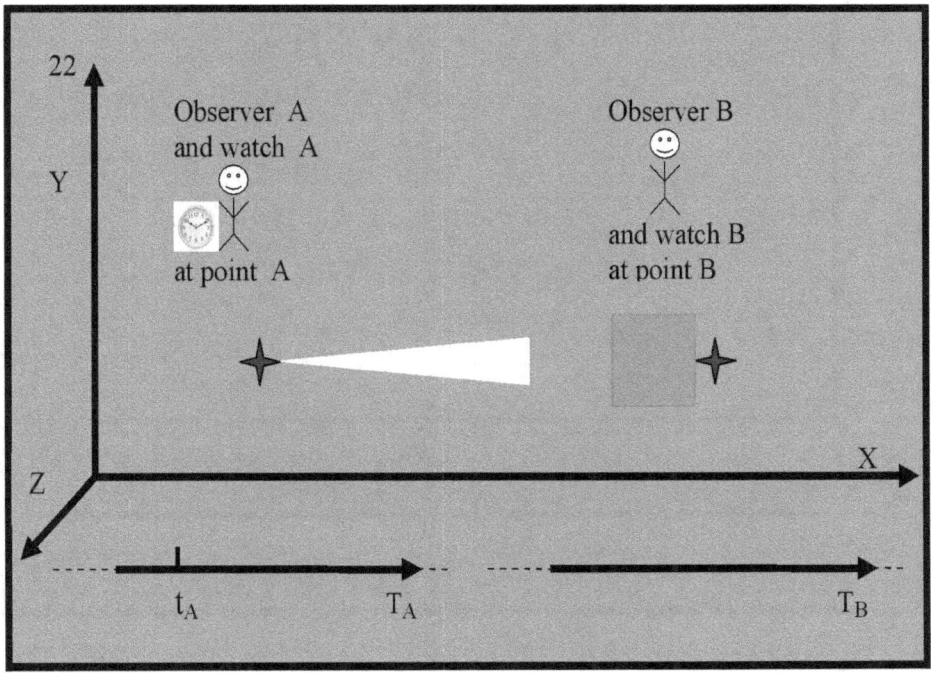

Tha Figear 22 a' sealltainn gu bheil toiseach cuisle an t-solais suidhichte am badeigin eadar puing A agus puing B. Chan urrainn don neach-amhairc A agus neach-amhairc B sùil a chumail air gluasad cuisle an t-solais. Ach tha fios aig neach-amhairc B agus neach-amhairc A gu bheil toiseach a' chuisle solais a' gluasad a dh'ionnsaigh puing B. Tha fiosrachadh aca gu bheil an sail a' gluasad.

Bidh toiseach an t-solais solais a' ruighinn puing B, agus a' soillseachadh dial a' ghleoc B. Bidh an neach-amhairc aig puing B a' coimhead air dial soillsichte a' ghleoc agus a' faicinn, a rèir a ghleoc, luach àireamhach a' mhionaid ùine, tha tB.

Faic Figear 23.

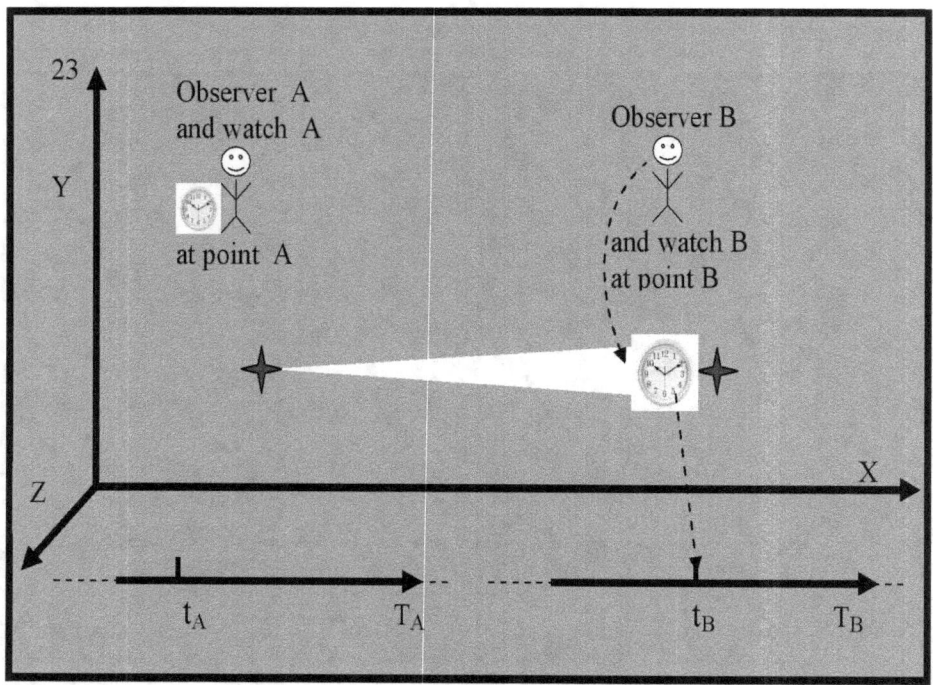

Air Figear 23 tha àm na h-ùine t_B air a shealltainn air axis ùine cloc B.

Nuair a chì neach-amhairc B làmhan cloc B a' sealltainn a' mhionaid ùine t_B, seallaidh làmhan cloc neach-amhairc A beagan mionaid ùine t_{AB}.

Faic figear 24.

A' CHIAD MHEARACHD AIG EINSTEIN

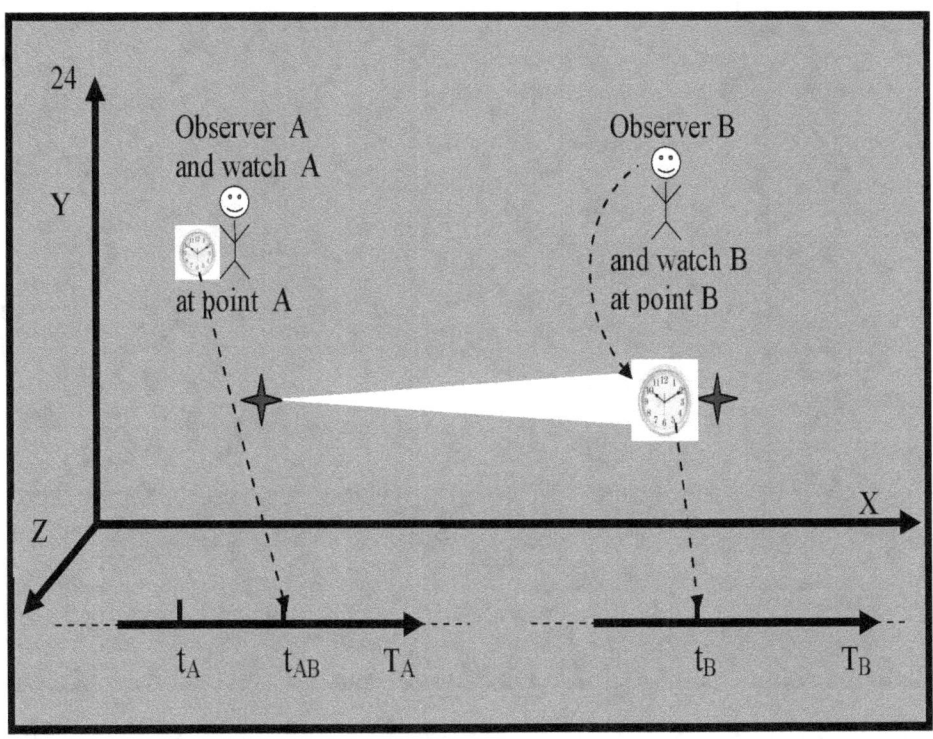

Ann am Figear 24 tha làmh le dotagach a' sealltainn a' mhionaid ùine tAB de chloc A.

A' gabhail ris gu bheil gleoc B agus gleoc A a' tomhas agus a' taisbeanadh an aon ùine, feumaidh an t-àm tB a bhith co-ionann ris an ùine tAB.

Tha dà cheist ag èirigh.

Is e a' chiad cheist:

An tuig neach-amhairc B gu bheil t_B co-ionann ri t_{AB} agus an urrainn dha co-thuiteamas den tachartas fhaicinn "tachartas mionaid tB" leis an tachartas "tachartas ùine et AB"?

Is e am freagairt nach eil. Chan fhaic neach-amhairc B na leughaidhean de làmhan neach-amhairc A (àm ùine tAB).

Faic figear 25.

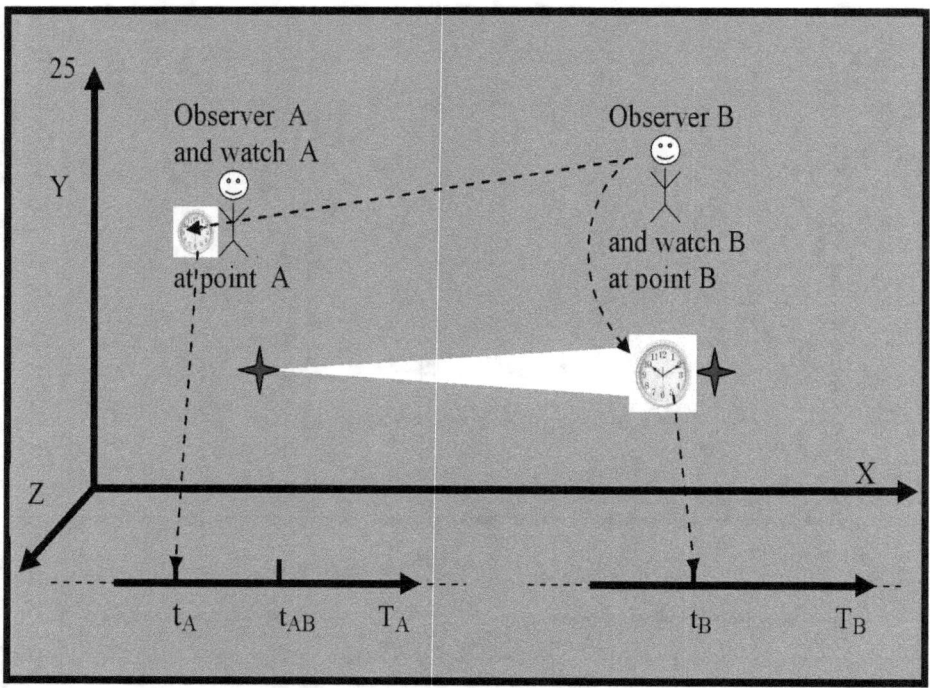

Tha Figear 25 a' sealltainn gum faic neach-amhairc B na leughaidhean de làmhan gleoc A a sheallas mionaid ùine tA. Tha seo air sgàth 's nuair a sheallas neach-amhairc B air a' ghleoc aig neach-amhairc A, chì e an ìomhaigh luminous de ghleoc A. Tha sinn air mìneachadh mar-thà gur e solas a tha seo a tha air a nochdadh leis a' ghleoc A agus a bheir fiosrachadh mu na leughaidhean, de làmhan an uaireadair A.

Bidh an ìomhaigh aotrom de chloc A a' gluasad còmhla ri toiseach cuisle solais. Thig toiseach a' chuisle agus an ìomhaigh gu puing B còmhla, agus bidh seo a' tachairt aig àm t $_B$ air a thomhas le cloc B. Ann an ùine ghoirid, nuair a tha buille an t-solais a' soillseachadh cloc B, chì neach-amhairc B air a ghleoc B mionaid ùine t $_B$ agus chì e air a' ghleoc Mionaid ùine tA. Aig an ìre seo den deuchainn againn, chan urrainn do neach-amhairc B dearbhadh gu bheil na clocaichean air an sioncronachadh.

Is e an dàrna ceist:

An tuig neach-amhairc A gu bheil an t-àm tAB (air a thomhas leis a' ghleoc aige A) co-ionann ris a' mhionaid ùine tB (air a thomhas le cloc B)?

Is e am freagairt nach eil. Tha seo air sgàth gu bheil neach-amhairc A a' coimhead a dh'ionnsaigh gleoc B, ach tha e dorcha an sin. Tha e dorch leis nach eil an t-solas solais ri fhaicinn fhathast air neach-amhairc A a ruighinn. Faic Figear 23. Nuair a thilleas an t-solas air ais gu neach-amhairc A, is e dìreach an uairsin a chì neach-amhairc A am mionaid ùine tB de ghleoc B.

Nuair a chì neach-amhairc A a' mhionaid ùine t_{de} ghleoc B, seallaidh e air a' ghleoc aige agus nì e coimeas eadar an ùine tB agus cloc B, agus àm a ghleoc A. Seallaidh a ghleoc ùine air choreigin eile t'_A, a nach eil co-ionann ris a' mhionaid aig àm t, agus nach eil co-ionann ris an àm tAB. Chan fhaic neach-amhairc A co-thuiteamas tachartas ùine tB de ghleoc B, le àm tachartais tAB den chloc A.

Tha seo air sgàth gu bheil an solas a' gluasad aig astar trì cheud mìle cilemeatair san diog agus a' siubhal an astar eadar puing B agus puing A airson ùine fhìor. Tha an fhìor eadar-ama seo air a chunntadh le gleoc A. Chan urrainn do neach-amhairc A an ùine $t_{AB\ a\ dhearbhadh}$ agus chan urrainn dha an dà chloc a shioncronachadh.

Aig an ìre seo den deuchainn, chan urrainn do luchd-amhairc A agus B an dà chloc a shioncronachadh.
Tha toiseach an t-solais air a nochdadh le dial cloc B agus a' tòiseachadh a' gluasad a dh'ionnsaigh neach-amhairc A.
Faic Figear 26.

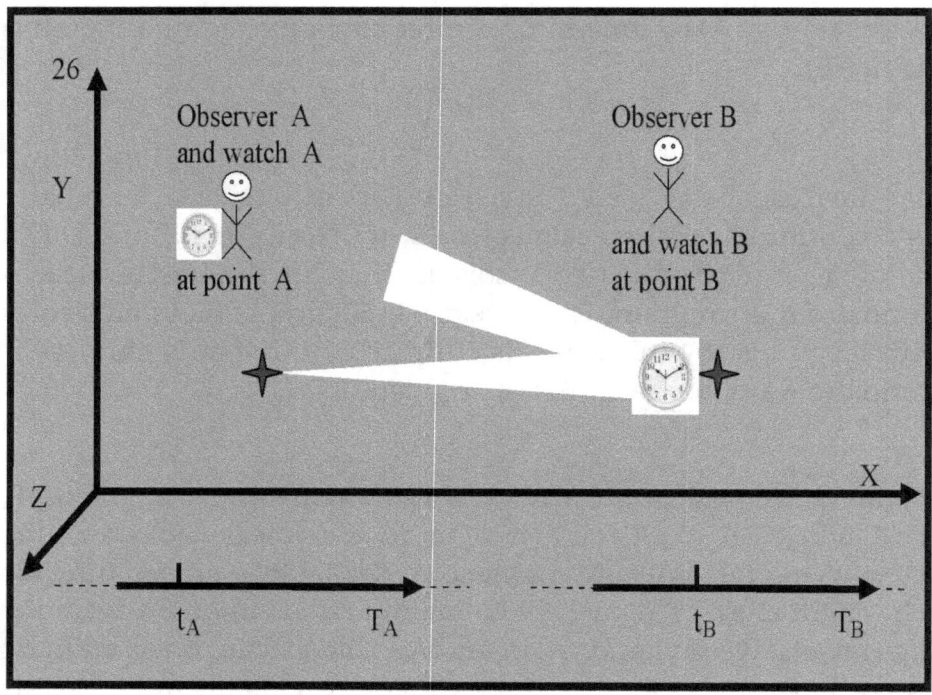

Tha Figear 26 a' sealltainn nach eil an tAB ùine air a shealltainn air axis ùine cloc A leis nach eil e air a dhearbhadh.
Bidh toiseach an t-solais solais a' giùlan fiosrachadh mu chomharran làmhan a' ghleoc B.
Tha toiseach an t-solais solais a' ruighinn neach-amhairc A.
Faic Figear 27.

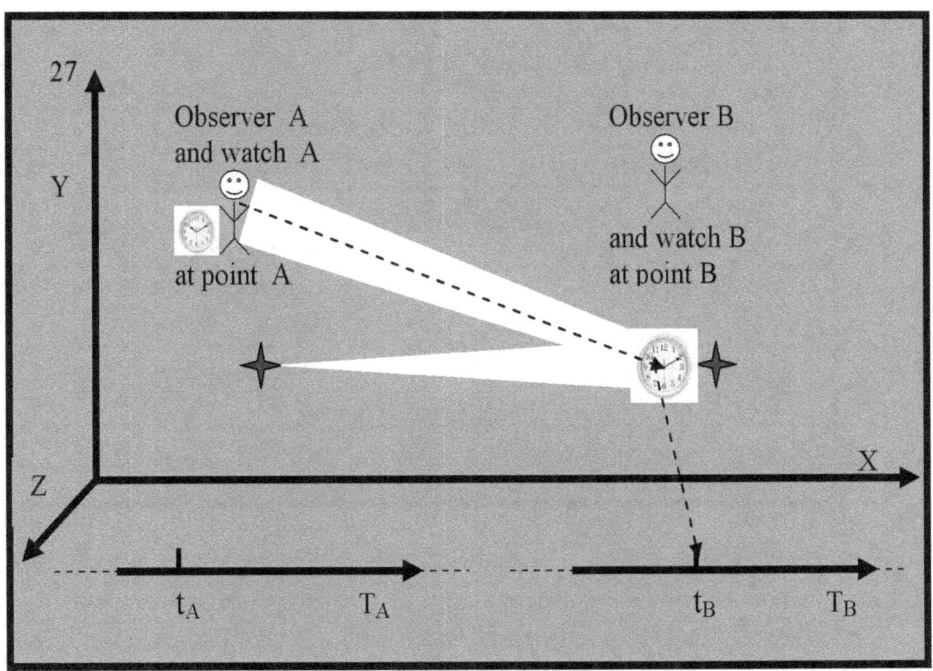

Tha Figear 27 a' sealltainn gu bheil neach-amhairc A a' faicinn ìomhaigh aotrom dial a' ghleoc B agus comharran làmhan gleoc B a sheallas mionaid ùine t_B.

Bidh neach-amhairc A a' coimhead air a' ghleoc aige agus a' faicinn gu bheil seo a' tachairt aig àm tìm t'_A.

Faic Figear 28.

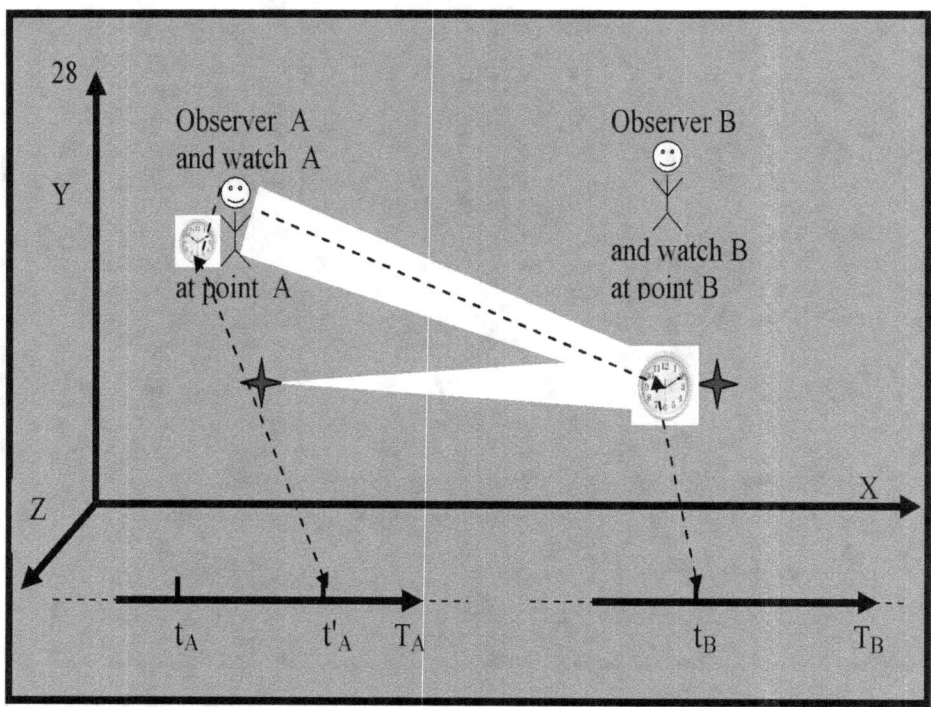

Nuair a chì neach-amhairc A na làmhan a' leughadh a ghleoc A a sheallas mionaid ùine t' A , seallaidh làmhan cloc B beagan ùine t $_{BA}$. Faic Figear 29 .

A' CHIAD MHEARACHD AIG EINSTEIN

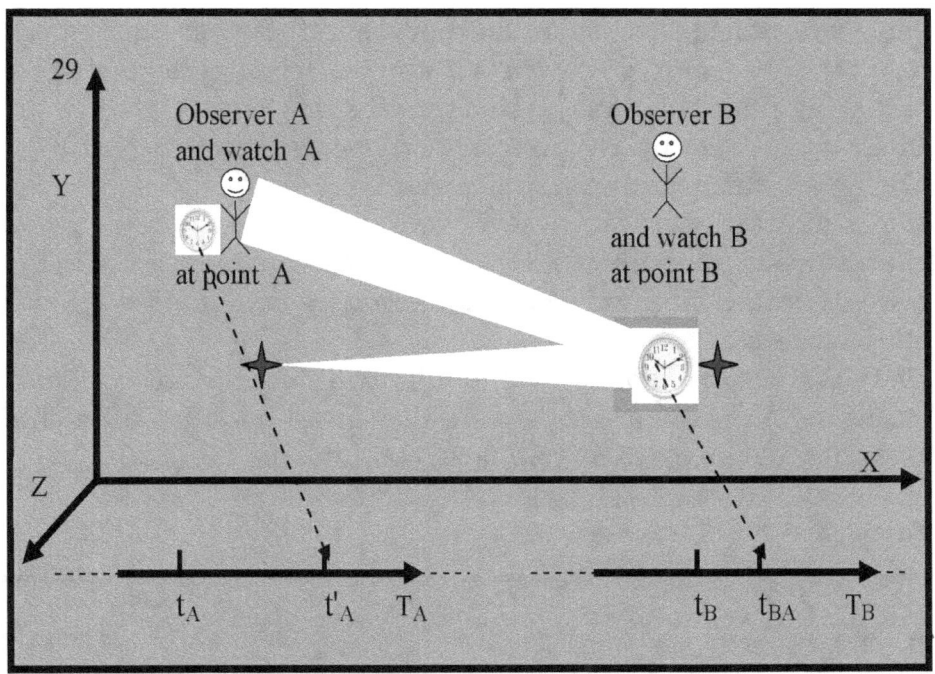

Tha Figear 29 a' sealltainn na tha neach-amhairc A a' faicinn a rèir a ghleoc agus na tha neach-amhairc B a' faicinn a rèir a ghleoc. feumaidh an t-àm t_{BA} a bhith co-ionann ris a' mhionaid ùine t'_A. Tha dà cheist ag èirigh.
Is e a' chiad cheist:
An tuig neach-amhairc A gu bheil an t-àm ùine t'_A (air a thomhas leis a' ghleoc aige) co-ionann ris a' mhionaid t_{BA} (air a thomhas le cloc B)?
Is e am freagairt nach eil.
Tha seo air sgàth 's gu bheil neach-amhairc A a' coimhead air a' ghleoc B ach an sin tha e a' faicinn mionaid ùine t_B tro bheil an ùine sin, bidh neach-amhairc A a' suidheachadh na h-ùine t'_A. Ìomhaigh aotrom a' ghleoc B làmhan leughaidhean a sheallas an t-àm a tha t_{BA} aig cloc B.
Nuair a bhios an ìomhaigh aotrom de chomharran làmhan cloc B a tha a' nochdadh aig àm dràsta t_{BA} a' tilleadh gu neach-amhairc A, is ann dìreach an uairsin a chì neach-amhairc A an t-àm t_{BA} de chloc B. Ach nuair a thachras seo, seallaidh an gleoc A àm gu math

eadar-dhealaichte. Neach-amhairc A, chan fhaic e co-thuiteamas de thachartas ùine t'$_A$, (air a thomhas leis a' ghleoc aige) le tachartas, mionaid ùine t$_{BA}$ (air a thomhas le gleoc B).
Chan urrainn do neach-amhairc A tuigsinn agus dearbhadh gu bheil na clocaichean air an sioncronachadh.
Is e an dàrna ceist:
An tuig neach-amhairc B dòigh air choireigin gu bheil an t-àm t$_{BA}$ (air a thomhas air a ghleoc) co-ionann ris a' mhionaid t'$_A$ (air a thomhas le cloc A)?
Tha seo air sgàth gu bheil neach-amhairc B a' coimhead air gleoc A agus a' faicinn làmhan cloc A a sheallas ùine t$_{Ba}$ tha diofraichte bho àm t'$_A$. Bidh luach àireamhach na h-ùine seo t$_{AB}$ an àiteigin eadar an t-àm t$_A$ agus an t-àm t'$_A$.
Faic Figear 30.

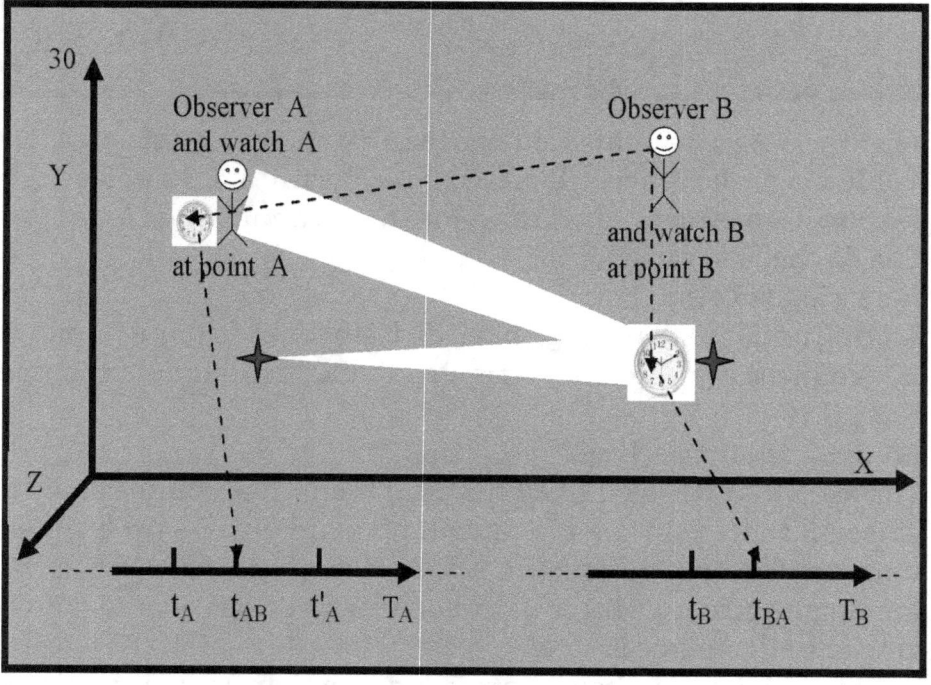

Tha Figear 30 a' sealltainn na chì neach-amhairc B. Air cloc A chì e tìm an uair t$_{AB}$ air a' ghleoc B chì e mionaid ùine t$_{BA}$. Tha an t-àm ùine t$_{AB}$ eadar-dhealaichte bhon mhionaid ùine t$_{BA}$.

Chuir sinn crìoch air an dàrna deuchainn a chaidh a dhèanamh anns an dorchadas. Rinn sinn mion-sgrùdadh mionaideach agus mionaideach air gluasad an t-solais solais agus thuig sinn mar a tha amannan ùine an dà ghleoc air an leughadh. Bheir sinn geàrr-chunntas air na toraidhean.
Faic Figear 31.

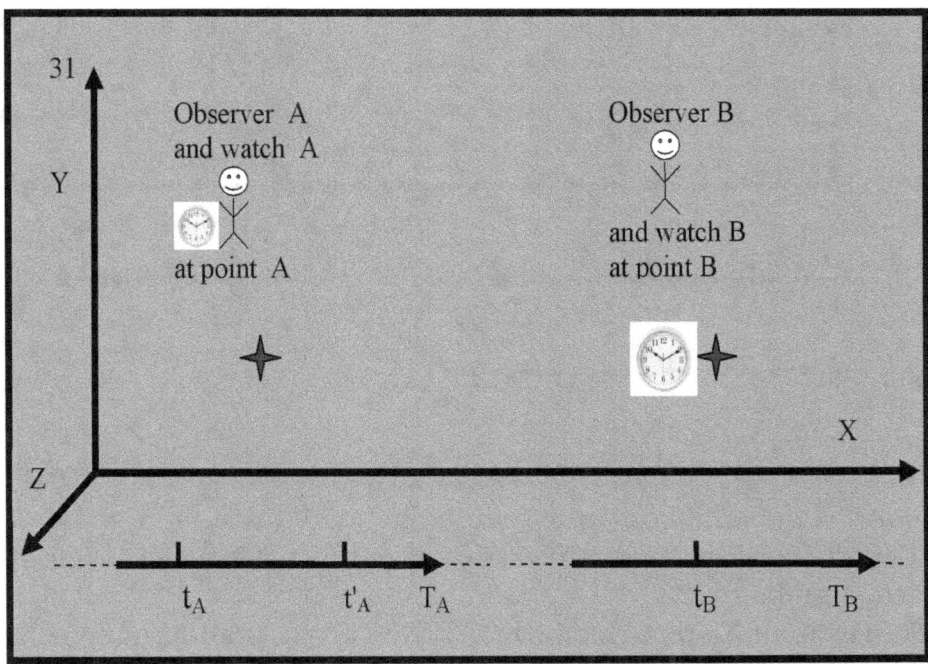

Ann am Figear 31 chithear dè na h-amannan ùine a chunnaic an neach-amhairc A tron ghleoc aige, agus dè na h-amannan ùine a chunnaic an neach-amhairc B tron ghleoc aige.
Chunnaic neach-amhairc B air a' ghleoc aige àm t_B nuair a tha dial cloc B air a shoilleireachadh
Chunnaic neach-amhairc A air a ghleoc mionaid ùine t_A (coltas an t-solais solais), mionaid ùine t'_A (tilleadh an t-seam solais agus an t-àm t_B den ghleoc B).
Seallaidh sinn an fhìrinn seo anns an ath fhigear agus nì sinn mion-sgrùdadh "air solas".
Faic Figear 32.

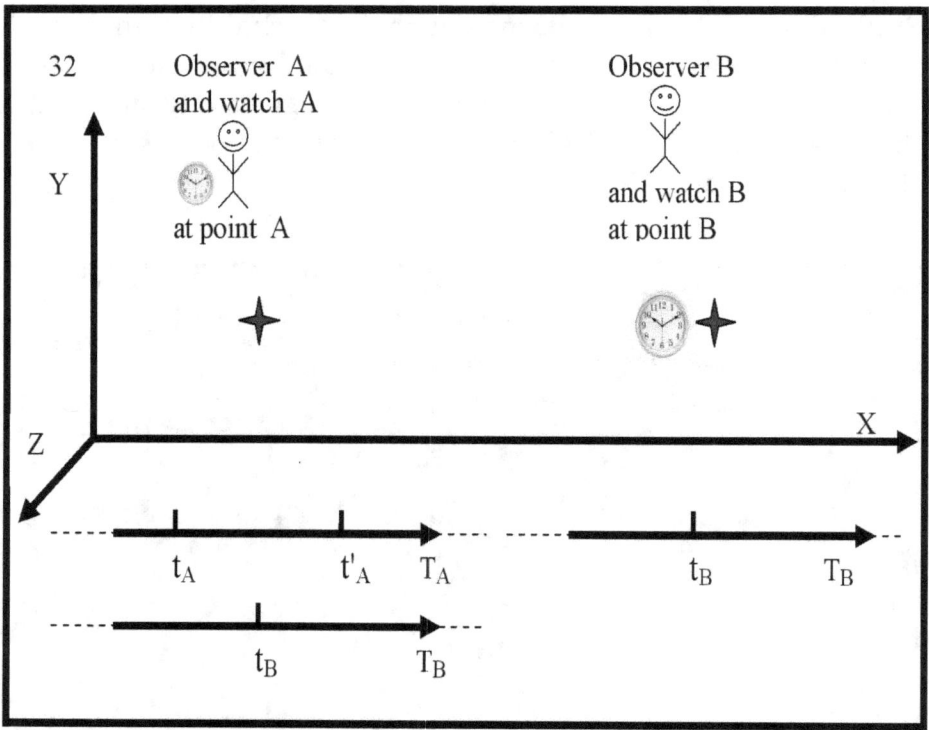

Tha e ri fhaicinn ann am Figear 32 gu bheil, fo neach-amhairc B, air a shealltainn vectar ùine le mionaid ùine t $_B$ air fhaicinn leis an neach-amhairc B.

Fo neach-amhairc A tha dà vectar ùine air an shealltainn agus na h-amannan ùine a chì neach-amhairc A. Tha an dàrna vectar den neach-amhairc B. Mar sin, faodar an dà vectar agus na h-amannan orra a choimeas.

Chan urrainnear an t-àm aig t $_B$, a tha air an vectar T B a chuir air an vectar ùine T $_A$. Tha seo air sgàth gu bheil an dà vectar de dhà chloc eadar-dhealaichte agus gu bheil iad neo-eisimeileach. Tha seo glè chudromach agus bu chòir cuimhneachadh. Tha leabhraichean fiosaig a' sealltainn vectar aon-ùine, agus air an vectar seo tha iad a' sealltainn ùine mòran de chlocaichean eadar-dhealaichte. Is e mearachd a tha sin. Feumaidh a vectar ùine fhèin a bhith aig gach cloc fa leth. Mar sin, tha mion-sgrùdaidhean ùine fìor agus soilleir.

Nuair a bhios clocaichean ag obair gu sioncronach feumaidh iad na h-aon amannan ùine a shealltainn.
Faic Figear 33.

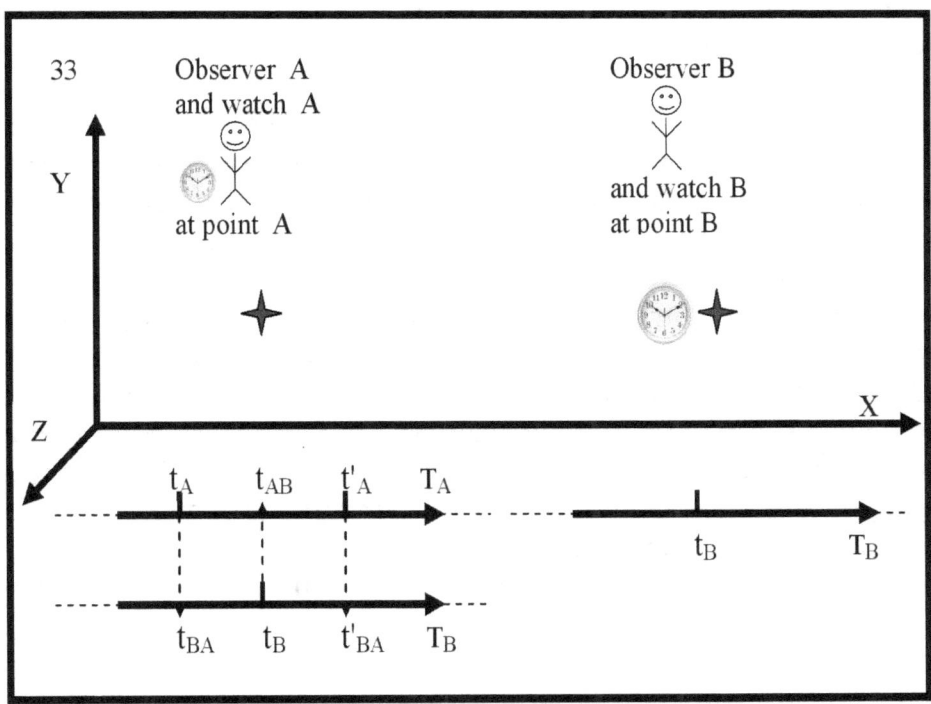

làmhan _{leantainneach air an cur} eadar an dà vectar ùine (TA agus TB). Tha na làmhan a 'sealltainn a' cheangail eadar na diofar amannan ùine den dà ghleoc.
de thìde t_A tha an gleoc B a' comharrachadh mionaid ùine t_{BA}.
luach àireamhach mionaid ùine t_A a bhith co-ionann ri luach àireamhach mionaid ùine t_{BA}. Is e an co-ionannachd seo a' chiad chumha riatanach gus dearbhadh gu bheil na clocaichean air an sioncronadh. Tha seo a' ciallachadh gum feum neach-amhairc A co-thuiteamas an dà thachartas seo fhaicinn. Co-thuiteamas àm an tachartais t_A, le àm an tachartais t_{BA}.
Anns an anailis a rinn sinn, sheall sinn agus dhearbh sinn nach urrainn do neach-amhairc A co-thuiteamas an dà thachartas seo fhaicinn agus nach urrainn dha a dhearbhadh. Chan urrainn

do Neach-amhairc A a' chiad chumha riatanach a choileanadh, agus chan urrainn dha dearbhadh gu bheil na clocaichean air an sioncronachadh.

Nuair a tha cloc B a' comharrachadh àm ùine t_B, an uairsin tha cloc A a' comharrachadh àm ùine t_{AB}.

Faic Figear 33.

luach àireamhach mionaid ùine t_B a bhith co-ionann ri luach àireamhach mionaid ùine t_{AB}. Is e an co-ionannachd seo an dàrna suidheachadh riatanach gus dearbhadh gu bheil na clocaichean air an sioncronadh. Tha seo a' ciallachadh gum bu chòir do neach-amhairc B co-thuiteamas an dà thachartas seo fhaicinn. Co-thuiteamas den mhionaid ùine $t_{tachartas}$ le moment time t_{AB} tachartas. Anns an anailis a rinn sinn, tha sinn air sealltainn agus dearbhadh nach urrainn do neach-amhairc B co-thuiteamas an dà thachartas seo fhaicinn agus nach urrainn dhaibh a dhearbhadh. Chan urrainn do neach-amhairc B an dàrna suidheachadh riatanach a choileanadh, agus chan urrainn dha dearbhadh gu bheil na clocaichean air an sioncronadh.

Nuair a tha gleoc A a' sealltainn mionaid ùine $t'A_{agus}$ an uair sin cloc B a' sealltainn mionaid ùine $t'_{Ann\ an\ A}$.

Faic Figear 33. (seall sìos)

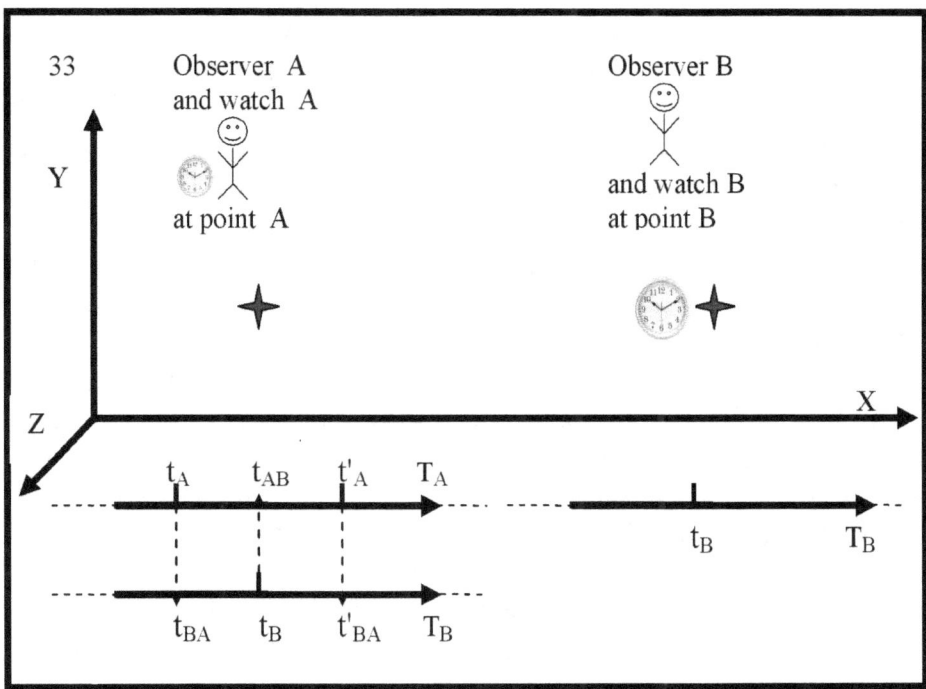

Feumaidh luach àireamhach mionaid ùine t'$_A$ a bhith co-ionnan ri luach àireamhach mionaid ùine t'$_{Ann an A}$. Is e an co-ionannachd seo an treas suidheachadh riatanach gus dearbhadh gu bheil na clocaichean air an sioncronadh. Tha seo a' ciallachadh gum feum neach-amhairc A co-thuiteamas an dà thachartas seo fhaicinn. Co-thuiteamas den mhionaid ùine t'$_{Tachartas}$ leis a' mhionaid ùine t'$_{Ann an}$ tachartas. Anns an anailis a rinn sinn, sheall sinn agus dhearbh sinn nach urrainn do neach-amhairc A co-thuiteamas an dà thachartas seo fhaicinn agus nach urrainn dha a dhearbhadh. Chan urrainn do Neach-amhairc A an treas cumha riatanach a choileanadh, agus chan urrainn dha dearbhadh gu bheil na clocaichean air an sioncronadh.

Tha an sgrùdadh a nì sinn a' sealltainn nach urrainn don neach-amhairc A agus neach-amhairc B na trì cumhachan a choileanadh agus nach urrainn dhaibh na clocaichean a shioncronachadh.

A-nis faodaidh cuid de luchd-leughaidh argamaid a dhèanamh gu bheil sinn air trì cumhaichean ùra a thoirt a-steach airson obair

sioncronaich, ach a rèir Albert Einstein, gus na clocaichean a shioncronachadh, feumar aon chumha a choileanadh, is e sin:
$t_B - t_A = t'_A - t_B$
Tha, tha e fìor . A rèir modh Albert Einstein, ma tha co-ionannachd fìor, tha t_B ann am meadhan an eadar-ama eadar t_A agus t'_A agus mar sin tha na clocaichean air an sioncronadh.

A-nis, tro ghrunn fhigearan, seallaidh sinn dà rud fìor chudromach:

A' chiad.

Bidh sinn a 'sealltainn sin an t-àm ùine t_B dh'fhaodadh a bhith ann am meadhan an eadar-ama eadar tA agus t'A, agus gidheadh chan eil na clocaichean air an sioncronadh.

An dàrna.

Seallaidh sinn nach b ' urrainn don mhionaid $_B$, a bhith ann am meadhan an eadar-ama eadar t_A agus t'_A, agus a dh' aindeoin sin tha na clocaichean air an sioncronachadh.

Nuair a chì sinn an dà rud seo, tuigidh sinn gu bheil dòigh Albert Einstein ceàrr.

An toiseach, seallaidh sinn gleocaichean ag obair gu sioncronaich. Faic Figear 34.

A' CHIAD MHEARACHD AIG EINSTEIN

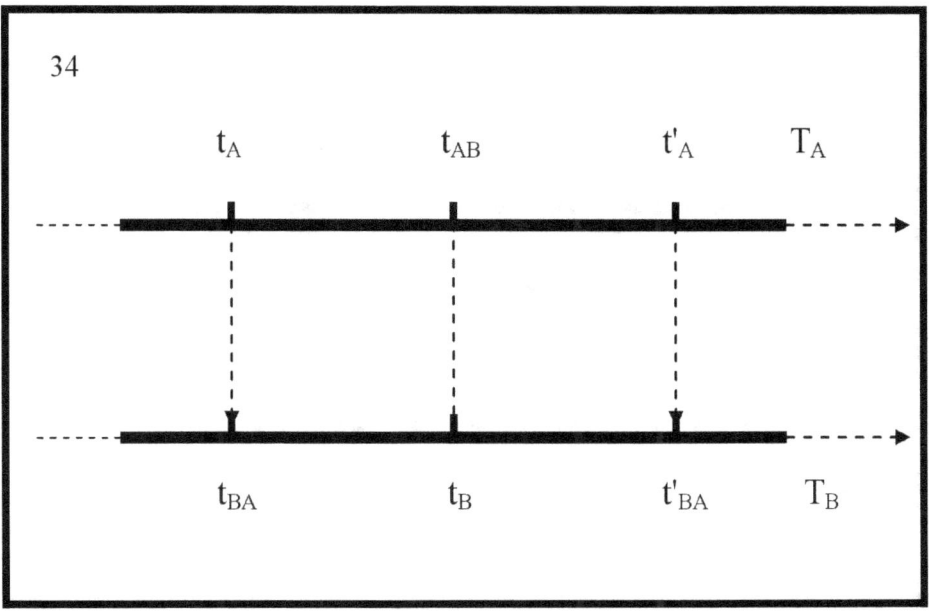

Tha Figear 34 a' sealltainn vectar ùine de chloc A (T_A) agus vectar ùine de chloc B (T_B).

Bidh amannan cloc A agus cloc B a' tighinn còmhla. Tha an t-àm ùine t_B co-ionann ris an àm a th' ann an tA_B, agus tha t_B ann am meadhan an eadar-ama eadar t_B agus t'_A. Thathas a' coinneachadh ris a h-uile suidheachadh airson obrachadh sioncronaich nan gleocaichean. Bidh clocaichean ag obair gu sioncronaich.

Air an ath fhigear, tha na vectaran ùine agus amannan ùine dà ghleoc air an sealltainn a-rithist.

Faic Figear 35.

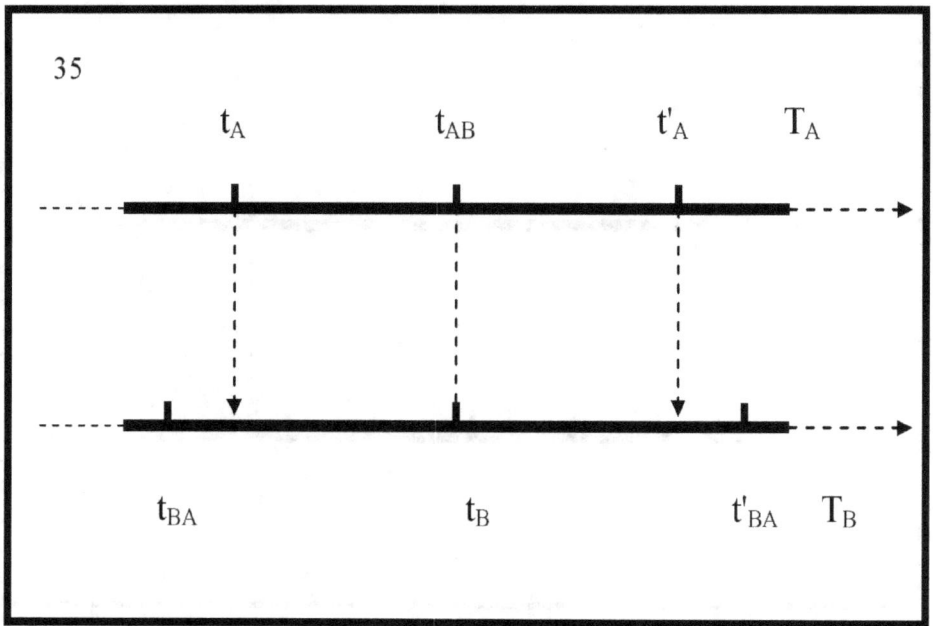

Chì sinn ann am Figear 35 nach eil an t-àm ùine t_{A} a' dol aig an aon àm ris a' mhionaid ùine t_{BA}, agus nach eil a' mhionaid ùine t'_{A} a' co-thaobhadh ris a' mhionaid ùine t'_{BA}. Is e dìreach an t-àm ùine t_{B} a tha aig an aon àm ris a' mhionaid ùine t_{AB} agus tha e ann am meadhan an eadar-ama eadar t_{A} agus t'_{A}. A rèir Albert Einstein nuair a tha t_{B} sa mheadhan, tha na clocaichean air an sioncronachadh. Ach chì sinn nach eil iad air an sioncronachadh.

Chì sinn an ath figear 36.

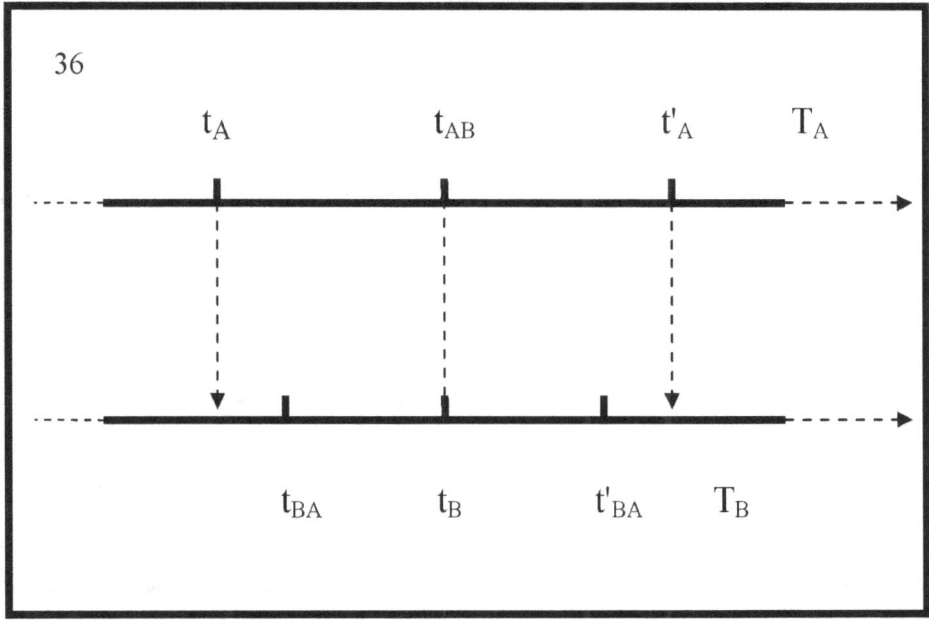

Ann am Figear 36 chì sinn nach eil an t-àm t_A aig an aon àm ris a' mhionaid t_{BA} agus nach eil a' mhionaid t'_A a' co-thaobhadh ris a' mhionaid t'_{BA}. Tha an t-àm t_B aig an aon àm ris a' mhionaid t_A, agus tha e ann am meadhan an eadar-ama eadar t_A agus t'_A, ach chan eil na clocaichean air an sioncronachadh.

Chì sinn Figear 37.

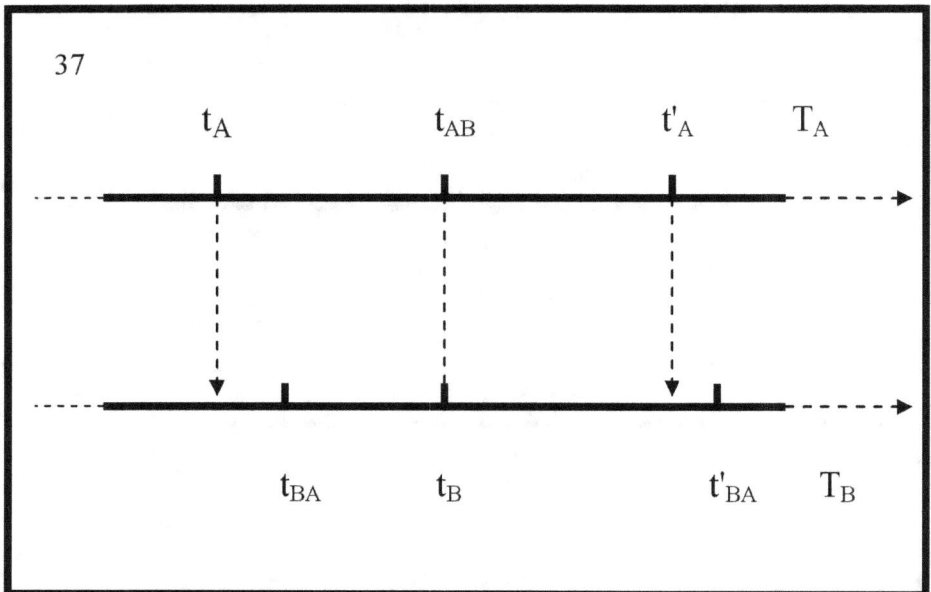

Ann am Figear 37, chì sinn nach eil an t-àm t_A aig an aon àm ris a' mhionaid t_{BA}, agus nach eil a' mhionaid t'_A a' co-thaobhadh (ann an dòigh eadar-dhealaichte) leis a' mhionaid t'_{BA}. Tha an t-àm t_B a' co-thaobhadh ris an mhionaid t_A, agus tha e ann am meadhan an eadar-ama eadar t_A agus t'_A ach chan eil na clocaichean air an sioncronachadh.

A-nis chì sinn Figear 38:

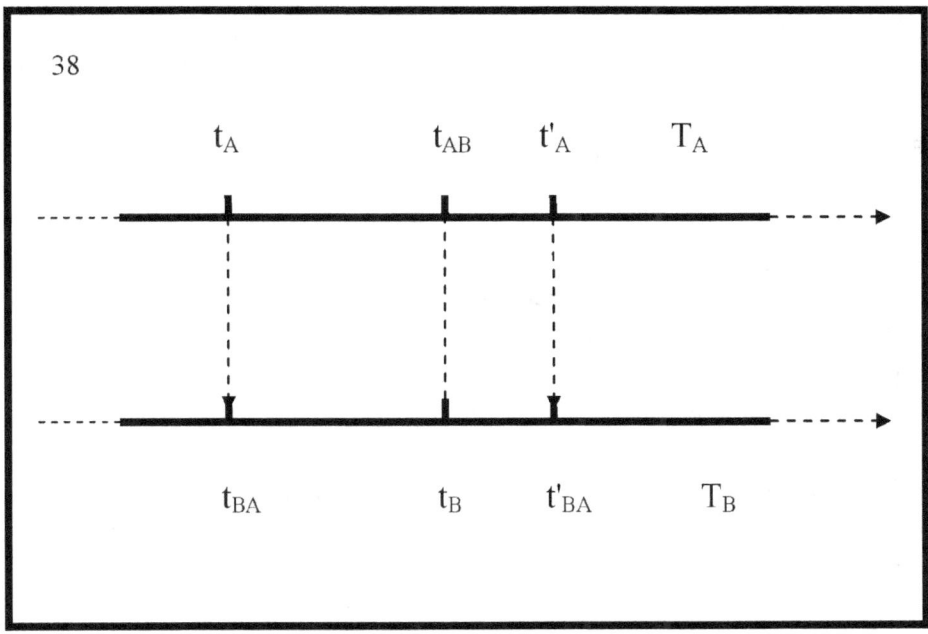

Tha e air a shealltainn ann am Figear 38 gu bheil a' mhionaid t_A a' co-thaobhadh ris a' mhionaid t_{BA} (tha a' chiad chumha riaraichte), a' mhionaid t_B a' co-thaobhadh ris a' mhionaid t_{AB} (tha an dàrna cumha air a choileanadh), an-dràsta t'_A co-chosmhail ris a' mhionaid $t'_{Ann\,an\,A}$ (tha an treas cumhnant air a choimhlionadh).

Tha na trì amannan ùine den ghleoc A aig an aon àm ri trì amannan a' ghleoc B, a tha a' ciallachadh gu bheil na clocaichean air an sioncronachadh. Ach chì sinn an t-àm sin t_B a tha co-chosmhail ris a' mhionaid t_{AB} nach eil ann am meadhan an eadar-ama eadar t_A agus t'_A, . A rèir Albert Einstein, mura h-eil an t-àm $_t$, ann am meadhan an eadar-ama eadar t_A agus t'_A, chan eil na clocaichean air an sioncronadh. Tha a' cheist ag èirigh cò tha ceart, sinne neo Albert Einstein? Breitheamh ort fhèin.

Faodaidh cuid de luchd-leughaidh a leugh na sgrìobh mi a dhol an aghaidh gur e mion-sgrùdaidhean fìor mhionaideach a tha seo agus reusanachadh gun fheum.

Chan eil mi ag aontachadh le leithid de ghearan.

Chan eil mi ag aontachadh leis gu bheil sinn a' dèanamh anailis air prionnsapalan agus bunait teòiridh co-sheòrsachd.

Tha Teòiridh co-sheòrsachd, anns an fhoirm chrìochnaichte aige, a 'sgrùdadh a h-uile buaidh co-cheangailte ris an ùine chorporra. Ann an teòiridh càirdeas, is e meud caochlaideach a th' ann an ùine. Tha astar na h-ùine eadar-dhealaichte agus an urra ri grabhataidh agus an astar aig a bheil diofar bhuidhnean corporra a' gluasad an coimeas ri chèile.

Mar eisimpleir, ann an teòiridh co-sheòrsachd tha an toll dubh ann. Anns an toll dubh, tha an astar ùine neoni, agus bidh gach diog gu bhith na ùine gun chrìoch.

Sin as coireach nuair a thathar a' sioncronadh chlocaichean a thomhaiseas ùine ann an Teòiridh relativity, bu chòir dòighean sioncronaidh a bhith gu math mionaideach. Bu chòir a h-uile gnìomh a thèid a choileanadh agus a thathar an dùil a shioncronachadh a sgrùdadh gu faiceallach. Chan eil mì-chinnt agus mearachd ceadaichte.

4 FUASGLADH NA TRIOBLAID

Tha e comasach diofar shlatan-tomhais airson obrachadh sioncronaich co-dhiù dà uaireadair a dhearbhadh. Tha e cudromach fios a bhith agad agus cuimhnich an-còmhnaidh:

An toiseach: Tha an àireamh de shlatan-tomhais a dh' fhaodadh a bhith ann airson gluasadan sioncronaich a dhearbhadh gun chrìoch mòr . Faic "Am. Àite. Gluasad. An còrr. Dàimh. Foillseachadh Acadaimigeach LAP LAMBERT (2018-08-30)

San dàrna àite : Bidh an neach-rannsachaidh a' mìneachadh slatan-tomhais sònraichte. Tha taghadh dòigh shònraichte an urra ris na gnìomhan saidheansail agus rannsachaidh a tha ri fhuasgladh. Tha an roghainn slighe (modh) an-còmhnaidh na cho-chruinneachadh (co-rèiteachadh eadar co-dhiù dithis luchd-rannsachaidh).

San treas àite : Tha an slat-tomhais sioncronaidh a' buntainn ri staid gluasad co-dhiù dà rud. Chan urrainnear an slat-tomhais sioncronaidh a chuir an sàs anns an stàit fois.

Ceathramh : Tha an slat-tomhais dèanadais sioncronaich de co-dhiù dà chloc rudeigin eadar-dhealaichte seach an t- slat-tomhais *tomhais fìor-ùine agus aig an aon àm* le co-dhiù dà chloc .

Nì sinn ath-sgrùdadh agus mion-sgrùdadh air na slatan-tomhais Clasaigeach airson sgrùdadh coileanaidh sioncronaich airson co-dhiù dà ghleoc. Seallaidh cleachdadh fhigearan mar a tha gluasadan air an sioncronachadh.

Faic Figear 39.

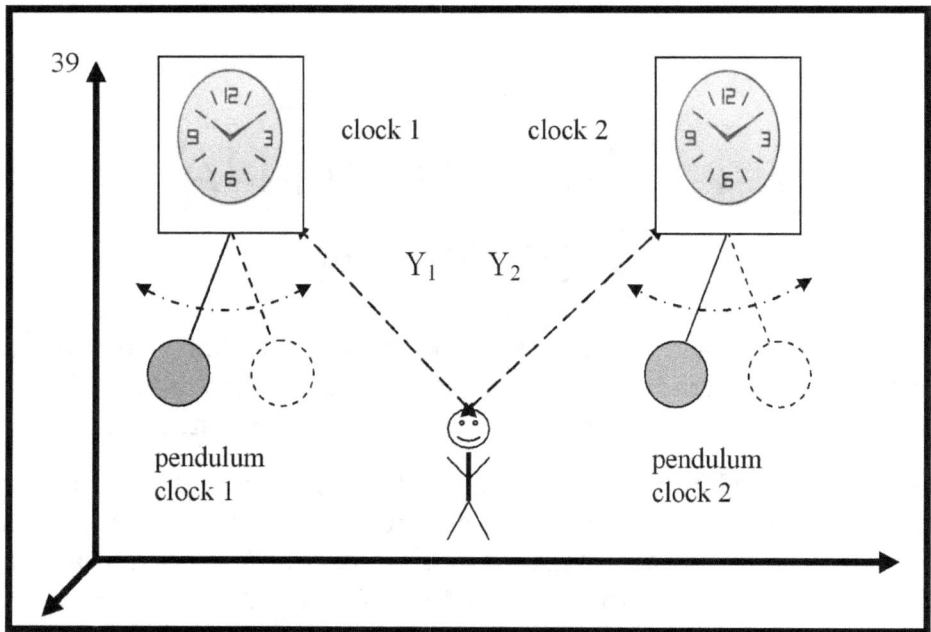

Tha Figear 39 a' sealltainn dà chloc cearcallach meacanaigeach. Is e clocaichean cearcallach meacanaigeach an fheadhainn aig a bheil pendulum.
Faic "Am. Àite. Gluasad. An còrr. Dàimh. Foillseachadh Acadaimigeach LAP LAMBERT (2018-08-30)
Chithear neach-amhairc a tha suidhichte aig astaran co-ionann bho na clocaichean. Tha an t-astar Y_1 co-ionann ris an astar Y_2.
Tha an neach-amhairc air a shuidheachadh an aghaidh clocaichean ann an dòigh shònraichte. Tha an dòigh anns a bheil an neach-amhairc suidhichte a' leigeil leis a bhith a' faicinn pendulum a' ghleoc aon agus pendulum a' ghleoc a dhà.
Tha am pendulum de chloc a h-aon agus am pendulum de ghleoc a dhà anns an fhìor shuidheachadh air an taobh chlì.
Tha an suidheachadh fìor cheart dha bheil an gleoc aon pendulum a' gluasad, agus an fhìor shuidheachadh air an làimh dheis gus an gluais pendulum cloc a dhà air an comharrachadh le loidhne dotagach.

Anns an fhìor shuidheachadh air an làimh dheis, agus anns an fhìor shuidheachadh chlì, tha pendulum a' ghleoc a h-aon agus pendulum na dhà ann an staid fois.

San fharsaingeachd, is dòcha nach bi na clocaichean air an sioncronadh, agus an uairsin bidh am pendulum de ghleoc a h-aon agus am pendulum de chloc a dhà a' gluasad chun neach-amhairc ann an dòigh eadar-dhealaichte.

Faic Figear 40.

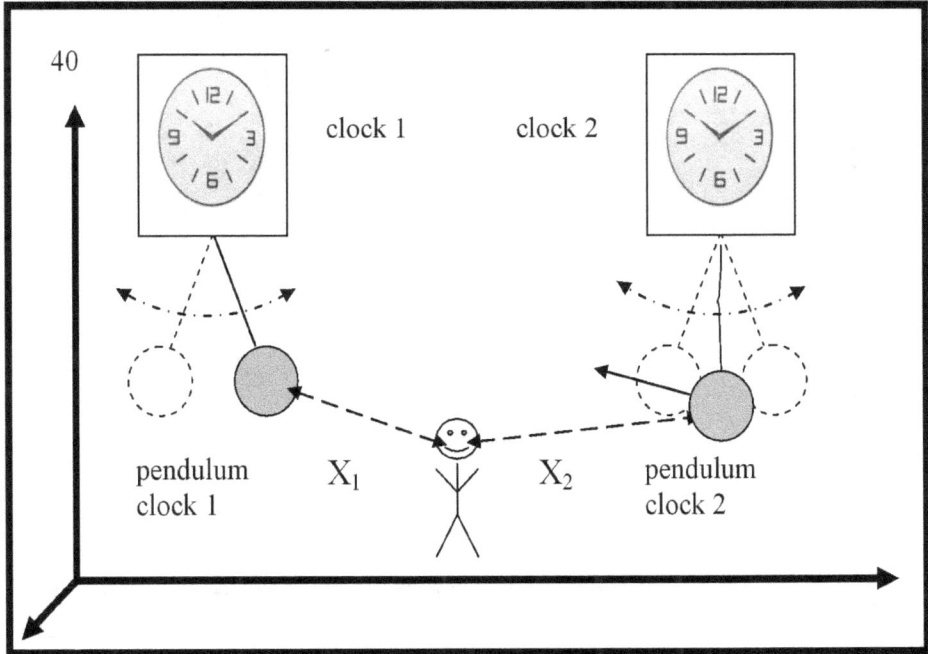

Tha Figear 40 a' sealltainn gu bheil am pendulum de ghleoc a h-aon ann an staid fois an aghaidh an neach-amhairc. Ach tha am figear a' sealltainn gu bheil am pendulum de chloc a dhà a' leantainn air adhart a' gluasad (a' tighinn faisg) chun neach-amhairc. Tha an astar X1 nas lugha na an astar X2.

Anns a 'chùis seo, feumaidh an neach-amhairc na gnìomhan riatanach a ghabhail gus co-thuiteamas fhaighinn air tachartas " staid fois pendulum a h-aon " le tachartas " staid a ' chòrr de pendulum a dhà ". Faodar seo a dhèanamh ann an diofar dhòighean.

Cha toir sinn cunntas air na modhan-obrach a dh' fheumar a choileanadh gus co-thuiteamas de thachartasan fhaighinn. Nì sinn sgrùdadh air dòigh airson sgrùdadh a dhèanamh air obrachadh sioncronaich an dà ghleoc. Bheir sinn sùil air cùis dheuchainneach far a bheil còir aig na clocaichean a bhith air an sioncronadh agus feumar sgrùdadh.

Faic Figear 41.

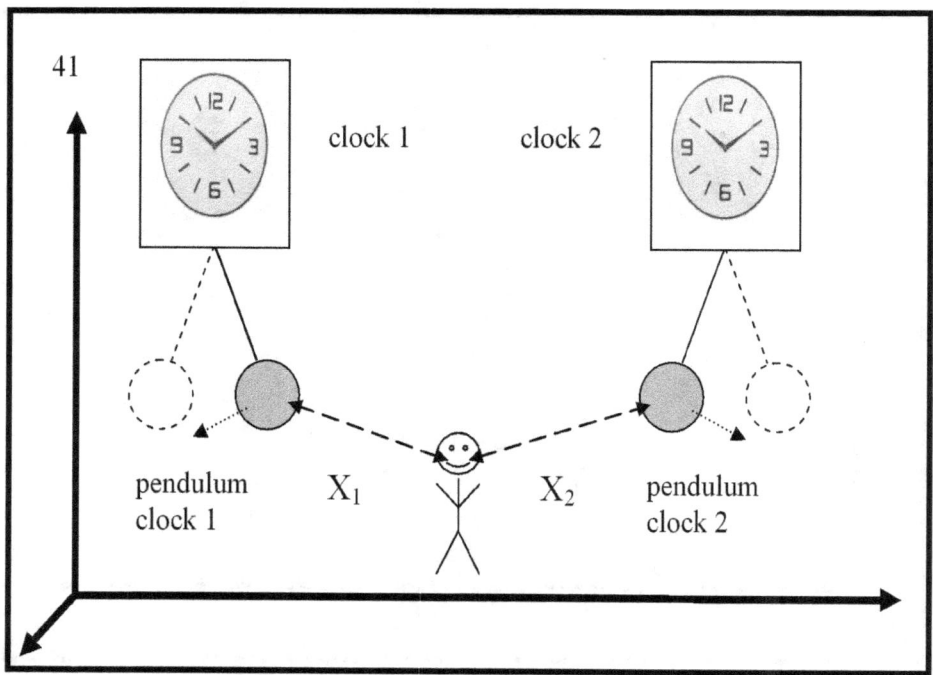

Tha Figear 41 a' sealltainn gu bheil pendulum a' ghleoc a h-aon agus pendulum a' ghleoc a dhà a' gluasad ann an taobh eile. Nuair a ghluaiseas pendulum cloc a h-aon chun na làimh chlì, gluaisidh am pendulum de ghleoc a dhà chun na làimh dheis. Bidh an neach-amhairc a' cumail sùil air gluasad an dà chlag cloc. Feumaidh an neach-amhairc dearbhadh gu bheil gluasad an dà chromag co-shìnte. Feumaidh an neach-amhairc slatan-tomhais gluasad sioncronaich a thaghadh airson pendulum a h-aon agus pendulum a dhà. Tha seo air a dhèanamh anns an dòigh a leanas.

Bidh an neach-amhairc a' mothachadh, nuair a tha am pendulum de ghleoc as fhaisge air an neach-amhairc, gu bheil am pendulum de ghleoc a h-aon aig fois an aghaidh an neach-amhairc agus às deidh sin tòisichidh e a' gluasad an taobh eile.

Nuair a tha am pendulum de chloc a dhà nas fhaisge air an neach-amhairc, tha am pendulum de chloc a dhà aig fois a dh' ionnsaigh an neach-amhairc, agus an uairsin a' tòiseachadh a' gluasad an taobh eile. Tha staid a ' chòrr den pendulum a h-aon agus staid a ' chòrr de pendulum a dhà nan dà thachartas eadar-dhealaichte. Tha cothrom aig an neach-amhairc sùil a chumail air agus dearbhadh a dhèanamh air co-thuiteamas an dà thachartas.

Nuair a thachras co-thuiteamas den dà thachartas, bidh an neach-amhairc ag aonachadh an dà thachartas ann an tachartas ùr leis an t-ainm "co-thuiteamas tachartais an *còrr den pendulum a h-aon* le tachartas *an còrr de pendulum a dhà* ". Tha an tachartas "co-thuiteamas an *còrr den pendulum a h-aon* le tachartas *an còrr de pendulum a dhà* " na chumha riatanach airson an neach-amhairc a dhearbhadh gu bheil gluasad pendulum a h-aon co-chosmhail ri gluasad pendulum a dhà. Ach chan eil sin gu leòr. Is e suidheachadh gu leòr nuair a thachras an *còrr den pendulum a dhà* " a-rithist. Bu chòir gur e seo an ath chearcall de ghluasad den pendulum a h-aon agus pendulum a dhà.

Tha fios aig an neach-amhairc nach eil gluasad pendulums aon agus gleoc a dhà fhathast air a shioncronachadh, agus mar sin bidh an neach-amhairc gu faiceallach a' leantainn gluasad pendulum a h-aon agus pendulum a dhà. Tha an neach-amhairc an dùil gum bi an tachartas "co-thuiteamas a' chòrr *den pendulum aon* leis *a' chòrr de pendulum a dhà* " *a' tachairt a-rithist* anns an ath chearcall de ghluasad den pendulum a h-aon agus an pendulum a dhà.

Nuair a bhios an ath chearcall de ghluasad pendulum a h-aon agus pendulum a dhà (airson an dàrna turas san aon dòigh) bidh an tachartas "co-thuiteamas a' *chòrr de pendulum a h-aon* leis *a' chòrr de pendulum a dhà* " a' tachairt a-rithist is dòcha gum bi an neach-amhairc a' co-dhùnadh gu bheil gluasad a' chromag. tha aon dhiubh co-chosmhail ri gluasad pendulum a dhà.

Tha e cudromach fios a bhith agad agus cuimhnich gum faod an neach-amhairc an tachartas fhaicinn "co-thuiteamas a ' *chòrr den pendulum aon* leis *a 'chòrr de pendulum a dhà* " a-mhàin leis gu bheil e suidhichte aig astaran co-ionann bhon dà ghleoc. Mura tèid an suidheachadh seo a choileanadh, chan urrainnear an co-thuiteamas a choimhead.

na slatan -tomhais airson gluasadan sioncronaich bunaiteach. Tha slatan -tomhais mòran nas iom-fhillte comasach . Tha an roghainn an urra ris an neach-rannsachaidh.

Tha sinn air dòigh gu math mionaideach a mhìneachadh leis am bi e comasach gluasadan sioncronaich a dhearbhadh agus obrachadh dà ghleoc a shioncronachadh.

Anns na slatan-tomhais a chleachd sinn, chan eil am beachd ùine air a chleachdadh an àite sam bith. Tha seo air a dhèanamh gu tur a dh'aona ghnothach. Chan fheum gluasadan sioncronaich (gluasad san fhànais) am beachd air ùine corporra a bhith air a dhearbhadh no air a dhiùltadh.

ùine iongantas gluasadan sioncronaich dearbhte. Nuair a thèid gluasadan sioncronaich a dhearbhadh, tha e comasach mion-sgrùdadh a dhèanamh air an *àm corporra iongantas* .

5 DEASBAIREACHD

Faodaidh cuideigin a ràdh nach eil na sgrìobh mi cho cudromach, agus tha Teòiridh Sònraichte Dàimhean fìor.
Cuiridh mi an aghaidh gu math goirid:
Tha Teòiridh Sònraichte Relativity na theòiridh mu àm corporra. Tha ùine corporra air a mhìneachadh le Einstein. Tha an ùine corporra càirdeach. Tha dòigh Einstein a' cleachdadh abairt matamataigeach sìmplidh:

$t_B - t_A = t'_A - t_B$

Leis an abairt seo tha Einstein a' mìneachadh an fhacail "*àm-ama*". Ann an Teòiridh Shònraichte Dàimheach bidh an "*ùine-ama*" gu bhith na "*àm corporra*". Nuair a tha teagamh ann gu bheil an ùine eadar-ama ceàrr, tha e a' ciallachadh gu bheil an ùine corporra ceàrr agus gu bheil Teòiridh Sònraichte Dàimheach ceàrr.

6. DEASBAD 02.02.2022.

Ann an 1905 anns an iris Annalen der Physik chaidh an artaigil "ZurelektrodynamikbewegterKörper", Annalen der Physik, 1905 17, 891-921 fhoillseachadh. Ann am paragraf a dhà den artaigil, chruthaich Einstein "dà phrionnsapal de Theòiridh Sònraichte Dàimh, mar a leanas:

1. Chan eil na laghan a rèir a bheil stàitean nan siostaman fiosaigeach ag atharrachadh an urra ri dè an dà shiostam, a tha co-cheangailte ri chèile ann an gluasad ceart-cheàrnach èideadh, co-cheangailte ris na h-atharrachaidhean sin.

2. Bidh gach beam solais a' gluasad ann an siostam co-òrdanachaidh pàipearachd le astar sònraichte V, ge bith a bheil an giùlan seo air a sgaoileadh le corp pàipearachd no gluasadach. A bharrachd air an sin,

$$velocity = \frac{beam..path}{time..interval}$$

bu chòir "eadar-ama" a thuigsinn a rèir mìneachadh paragraf 1"

Nota:
(

A' CHIAD MHEARACHD AIG EINSTEIN

$$velocity = \frac{beam..path}{time..interval}$$

) = (luas = slighe beam / eadar-ama)

Ach ann am paragraf a h-aon, chan eil Einstein a' mìneachadh "eadar-ama." Nas miosa, cha do chleachd Einstein am facal "ùine eadar-ama" ann am paragraf a h-aon. Ach a dh' aindeoin sin, bha Einstein a' cumail a-mach gum bu chòir an ùine a thuigsinn taobh a-staigh brìgh paragraf a h-aon. Dè tha an abairt "... ri thuigsinn taobh a-staigh brìgh paragraf 1" a' ciallachadh? Chan urrainn seo a bhith na mhìneachadh. Chan eil an dòigh seo air mion-sgrùdadh ceart gu leòr. Bidh seo a' leantainn gu mì-thuigse agus sreath de mhearachdan. Tha seo a' ciallachadh, nuair a leughas luchd-rannsachaidh eadar-dhealaichte paragraf a h-aon, gum faigh iad diofar bheachdan mun ùine. Nuair a gheibh iad diofar bheachdan, smaoinichidh iad ann an dòigh eadar-dhealaichte mun ùine. Is e sin dìreach nach bu chòir tachairt. Tha daoine eadar-dhealaichte agus bidh iad a' faicinn fiosrachadh ann an dòigh eadar-dhealaichte. Tha seo gu tur àbhaisteach, agus bidh e an-còmhnaidh mar sin. Is e seo an adhbhar gum bu chòir do gach neach-rannsachaidh na mìneachaidhean as soilleire, as cinntiche agus as pongail a thabhann. An sin leughaidh an leughadair am mìneachadh, agus tha beachd soilleir air an iongantas a tha air a mhìneachadh air a chruthachadh na inntinn. Nuair a tha beachdan dithis luchd-rannsachaidh soilleir, faodaidh an dà bheachd sin a bhith co-ionann. Is e seo adhbhar gach mìneachadh a tha air a chruthachadh ann an saidheans. Cha do choilean Einstein an amas seo. Tha mi a' faireachdainn nach do shuidhich e a leithid de dh' obair dha fhèin airson adhbhar air choireigin, agus mar nach biodh e a dh'aona ghnothach a' tabhann mìneachadh air an teirm "àm-ama". Faodaidh cuid de luchd-leughaidh argamaid a dhèanamh nach eil seo cho cudromach, agus nach eil e gu diofar do Theòiridh Sònraichte Dàimh. Freagraidh mi mar seo: tha mi ag aontachadh gu làidir. Tha an ùine eadar-ama na bhun-bheachd bunaiteach agus cudromach ann an Teòiridh Sònraichte Relativity (is dòcha nas cudromaiche na an dà phrionnsapal). Tha àite cudromach aig an eadar-ama ann a bhith a' cruthachadh uidheamachd matamataigeach Teòiridh Shònraichte Relativity. Tha abairtean matamataigeach bunaiteach, agus tha e furasta fhaicinn nuair a thèid Teòiridh Relativity a chruthachadh, gu bheil an "ùine eadar-ama" gu bhith na àm corporra. B' e Einstein a' chiad fhear a mhol mìneachadh air Àm Corporra. Nam bheachd-sa, is e seo a phrìomh thabhartas dha saidheans. Tha ùine corporra na bhun -bheachd bunaiteach (bunaiteach, cudromach) ann an Teòiridh Shònraichte Relativity, ann an Teòiridh Coitcheann Relativity, agus ann an saidheans fiosaig. Cha robh duine sam bith eile mus do smaoinich Einstein gu bheil iongantas TIME FISICEACH ann.

Chuir Einstein am beachd seo an cèill ann an 1910 anns an artaigil "Le principe de relativite et sescoquencesdans physique moderne". Anns an artaigil seo, bidh Einstein a' cleachdadh amannan agus tromhpa a' cruthachadh beachd-bharail TIME FISICEACH. Mar sin, nuair a thathar a' mìneachadh an fhacail "àm-ama", feumaidh am mìneachadh a bhith gu tur soilleir, gu tur neo-mhearachdach, gu tur mionaideach. dìth soilleireachd, mionaideachd agus mionaideachd, tha e a' ciallachadh gum faodadh barailean falaichte a bhith ann, agus fìrinnean axiomatic so-thuigsinn, no leth-mhìneachaidhean.Sin nuair a nochdas na mearachdan agus na mì-bheachdan as motha ann an saidheans.

($t_B - t_A = t'_A - t_B$),

tha an ùine eadar-ama air a mhìneachadh, a-mhàin airson cloc A. Anns an fhoirmle ainmichte, chan eil eadar-ama ann airson cloc B. Tha an ùine airson cloc A air a chleachdadh ann an gnèithean falaichte, agus airson cloc B. Is e seo dìreach an rud ris an canar falaichte barail. Anns a 'chiad phàirt den artaigil bidh mi a' feuchainn ri seallaidh dè a 'bhuaidh a th' aig a 'bheachd-bheachd falaichte seo. A rèir Einstein, tha na clocaichean air an sioncronadh, ach bhon sgrùdadh a rinn sinn, tha e gu math soilleir gur dòcha nach bi na clocaichean air an sioncronadh. Is e eisimpleir clasaigeach a tha seo air mar a tha mearachd a' leantainn gu mì-chinnt anns a' bheachd-bharail gu lèir. Bidh a' mhì-chinnt seo a' fàs ceàrr, agus tha droch bhuaidh aige air Teòiridh Shònraichte Relativity, airson Teòiridh Choitcheann Relativity, agus airson saidheans fiosaig. Tha mòran de luchd-rannsachaidh eadar-dhealaichte air mion-sgrùdadh a dhèanamh air Teòiridh Shònraichte Relativity, agus air am beachd pearsanta a nochdadh air beachd-bharail Einstein. Tha aon phàirt na luchd-taic, tha am pàirt eile nan luchd-dùbhlain. Tha an dithis ag aontachadh gur e an dà phrionnsapal as cudromaiche agus a tha mar bhunait air Teòiridh Sònraichte Dàimh. Ach gu tric bidh an dithis a 'dèanamh an aon mhearachd, is e sin, chan eil iad a' toirt iomradh air an dàrna prionnsabal gu lèir. Chan eil iad mothachail gu bheil an abairt mu dheireadh den phrionnsapal mar phàirt den phrionnsapal fhèin. Ma tha iad fhathast ga ainmeachadh, cha bhith iad a' toirt aire do na thathar ag ràdh agus cha bhith iad ga sgrùdadh.

A-rithist, an dàrna prionnsabal:

2. Bidh gach beam solais a' gluasad ann an siostam co-òrdanachaidh pàipearachd le astar sònraichte V, ge bith a bheil an giùlan seo air a sgaoileadh le corp pàipearachd no gluasadach. A bharrachd air an sin,

$$velocity = \frac{beam..path}{time..interval}$$

bu chòir "eadar-ama" a thuigsinn a rèir mìneachadh paragraf 1"

Anns an t-seantans mu dheireadh den dàrna prionnsapal (dearg), chleachd Einstein am facal "ùine eadar-ama" an toiseach, agus sa bhad às deidh sin rinn e argamaid gu bheil "àm eadar-ama" air a mhìneachadh ann am paragraf 1. Chan urrainn dhomh gabhail ri mìneachadh a thathar a' moladh san dòigh seo. Feumaidh bun-bheachd eadar-ama mìneachadh aig a bheil ìre ann am prionnsapal a thaobh Teòiridh Dàimheach. Ann an Teòiridh Relativity, tha "eadar-ama" na thomhas sònraichte de MINN AN TIM, CÀILEACHD TEACHD FISICEACH. Far a bheil, CÀILEACHD AN T-SLIGHE PHIOSRACHAIDH càirdeach. Tha iongantas "àm-ama" an làthair anns an fhìrinn gun chrìoch. Tha e an làthair aig an aon àm, agus feumaidh e buntainn ris an roinn feallsanachail de TIME, agus an iongantas TIME a tha ann an-dràsta.

7. TUILLEADH DEASBAID

Tha an eadar-ama air a mhìneachadh airson aon ghleoc a-mhàin, agus feumaidh an eadar-ama seo a bhith co-ionann ri eadar-ama a' ghleoc eile. Tha seo a' togail na ceist dè tha e a' ciallachadh a bhith co-ionann ri dà ùine. Tha e an-còmhnaidh riatanach co-thuiteamas dà mhionaid ùine a dhearbhadh. Feumaidh àm tòiseachaidh a 'chiad eadar-ama a bhith aig an aon àm ri àm tòiseachaidh an dàrna eadar-ama, agus feumaidh àm crìochnachaidh a' chiad eadar-ama a bhith aig an aon àm ri àm crìochnachaidh an dàrna eadar-ama. Canar co-thuiteamas de thachartasan ann an ùine ris an seo, a tha na dheagh bheachd air Einstein. Nuair a thèid an co-thuiteamas a dhearbhadh, tha e comasach a' bheachd a chuir an cèill gu bheil an dà eadar-ama co-ionann. Is e seo breithneachadh, agus ann an ceann an duine tha am beachd air co-ionannachd dà ùine. Feumar cuimhneachadh an-còmhnaidh gu bheil am beachd air rudeigin eadar-dhealaichte bhon rud fhèin. Tha bun-bheachd ùine eadar-dhealaichte bho iongantas ùine. Bidh mi ag ràdh seo oir tha mi làn chinnteach gu bheil am beachd air iongantas ùine corporra gu math eadar-dhealaichte bhon bheachd air iongantas ùine feallsanachail. Tha an roinn feallsanachail ùine a' comharrachadh iongantas de fhìrinn a tha gu tur eadar-dhealaichte bho àm corporra Einstein. Tha leasachadh ùr-nodha fiosaig a 'seallrainn nach eilear a' toirt aire don fhìrinn seo.

***

Tha tomhas na h-ùine air a dhèanamh le bhith a 'cleachdadh "ùine eadar-ama", agus tha e air a chleachdadh gus astar a thomhas. Nuair a thathar a' tomhas astar, thathas a' cleachdadh inbhe. Tha dà phuing crìochnachaidh aig gach ìre (airson astar). Tha an dà phuing crìochnachaidh aig an aon àm ri dà phuing den aon fhìrinn neo-chrìochnach. Tha an co-thuiteamas de phuingean iomlan. Tha co-thuiteamas dà phuing air aon loidhne le dà phuing air loidhne eile an-còmhnaidh aig an aon àm. Is e tachartas ùine a tha seo. Chan fheum co-thuiteamas nam puingean sin am beachd-bharail ùine càirdeach. Nuair nach gluais an inbhe, feumaidh co-thuiteamas nam puingean an seo agus an-dràsta a bhith aig an aon àm ri co-thuiteamas nam puingean an-dràsta agus an-dràsta. Is e am breithneachadh ceart: An uairsin, an seo agus an-dràsta, tha co-chosmhail againn ris, an-dràsta agus an-dràsta. An sin agus a-nis tha e a rèir leughaidhean an uaireadair an seo agus an-dràsta. Nuair a tha astaran buailteach a bhith neo-chrìochnach mòr no neo-chrìochnach, is e obair dhoirbh a th' ann a bhith a' dearbhadh ùine. Agus mura h-eil mìneachadh mionaideach ann, thig an ùine gu bhith na utopia.

FOILLSEACHAIDHEAN LEIS AN ÙGHDAR SEO.

Paradox a' mhaide (Pàirt 1)

https://www.amazon.co.uk/s?k=Evgeni-Bantutov-ebook&ref=sr_gnr_aps

An robh fios agad gu bheil astar neo-chrìochnach àrd ann? Comaigean fiosaigeachd airson clann a. Ann am fiosaig, tha prionnsapal ann gu bheil astar an t-solais seasmhach. Tha am prionnsapal aig Einstein. Tha fiosaig a' gabhail ris gur e seo an astar as motha. A bheil e fìor? Leis gu bheil dithis bhalach agus nighean, superheroes, geniuses ann am fiosaig, a 'faighinn a-mach gu bheil astar àrd gun chrìoch.

Paradox a' mhaide (Pàirt 2)

https://www.amazon.co.uk/s?k=Evgeni-Bantutov-ebook&ref=sr_gnr_aps

An robh fios agad nach eil gluasad ceart-cheàrnach èideadh ann? Comaigean fiosaigs airson clann agus inbhich. Ann am fiosaig, tha a 'chiad lagh aig Newton, a tha ag ràdh, nuair nach eil feachd sam bith ag obair air a' bhodhaig, bidh e a 'gluasad le inertia no gu bheil e aig fois. A bheil e fìor? Leis gu bheil dithis bhalach is nighean, eòlaiche fiosaig innleachdach, air faighinn a-mach, nuair nach eil feachd ann, gum bi am bodhaig a' gluasad mar bhoiteag. mar chnuimh fo thalamh.

Paradox a' mhaide (Pàirt 3)

https://www.amazon.co.uk/s?k=Evgeni-Bantutov-ebook&ref=sr_gnr_aps

An robh fios agad nach eil luathachadh èideadh ann? Tha an dàrna lagh aig Newton ag ràdh, nuair a bhios feachd ag obair, bidh an corp a' gluasad le luathachadh. Ach tha an comaig seo a 'sealltainn nach eil seo fìor. Tha dithis bhalach agus nighean ann a tha nan eòlaiche fiosaig, agus tha iad a' tuigsinn nuair a bhios feachd ag obair, gu bheil an corp a' gluasad mar chnuimh. Is dòcha gu bheil e a 'tionndadh a-mach nach eil laghan Newton fìor?

Paradox a' mhaide (Pàirt 4)

An robh fios agad nuair a ghluaiseas corp le luathachadh, bidh e a 'teasachadh suas? Lorg triùir chloinne sgoinneil an lagh seo. Is e comaig a tha seo dha clann is inbhich. Tha na dealbhan a' sealltainn agus a' mìneachadh deuchainnean fiosaig. Chan eil foirmlean matamataigeach ann. Tha e furasta a leughadh, gu dearbh tha e furasta, tha e spòrsail.

Paradox a' mhaide (Pàirt 5)

A bheil fios agad air an eadar-dhealachadh eadar gluasad iomlan agus gluasad càirdeach? Bidh clann, geniuses ann am fiosaig, a' dèanamh deagh dheuchainn agus ga shealltainn tro fhigearan agus dhealbhan.

Paradox a' mhaide (Pàirt 6)

A bheil fios agad carson a tha gluasad aig cuirp? Tha triùir chloinne a' dèanamh deagh lorg ann am fiosaig. Comaigean ann am fiosaigs. Bidh clann sgoinneil, superheroes, a' mìneachadh laghan fiosaig tro dhealbhan.

Mearachd Einstein

https://www.amazon.co.uk/s?k=Evgeni-Bantutov-ebook&ref=sr_gnr_aps amazon

An robh fios agad nach urrainn dha Einstein uaireadairean a shioncronachadh? Tha Teòiridh Shònraichte Dàimheach na theòiridh air ùine, àite agus gluasad. Ann an Teòiridh Sònraichte Dàimh, bidh Einstein a' cleachdadh chlocaichean sioncronaich a bhios a' tomhas ùine. Feumaidh na clocaichean a bhith air an sioncronachadh ro làimh. Tha an sioncronadh air a dhèanamh le dòigh sònraichte airson sùil a chumail air obrachadh sioncronaich nan gleocaichean. Tha an dòigh a chleachd Albert Einstein ceàrr.

An dàrna mearachd Einstein.

https://www.amazon.co.uk/s?k=Evgeni-Bantutov-ebook&ref=sr_gnr_aps amazon

An robh fios agad gu bheil astar neo-chrìochnach àrd ann? Canar eadar-obrachadh le astar neo-chrìochnach àrd ri chèile. Is e aon fhacal a th' ann an co-obrachadh. Tha Google ag ràdh nach eil facal mar sin ann. Ach tha mar-thà.

Leasaich Einstein an teòiridh sònraichte mu chàirdeas agus thuirt e:

"Airson astaran a tha nas àirde na astar an t-solais, chan eil an reusanachadh againn gun bhrìgh. Ach, bidh sinn cinnteach leis na beachdachaidhean a leanas gu bheil astar an t-solais gu corporra nar teòiridh a 'gabhail pàirt aig astar neo-chrìochnach àrd."

Tha beachd Einstein duilich a dhìon oir tha e a 'leantainn gu co-dhùnaidhean a tha gu bunaiteach an aghaidh a chèile.

Uair. Àite. Gluasad. An còrr. Dàimh. Gu tur

https://www.amazon.com/Time-Space-Movement-Relativity-Absolute/dp/6139906172

Uair. Àite. Gluasad. An còrr. Dàimh. Gu tur. Is iad seo na prìomh roinnean dualchainnt. Feumar mion-sgrùdadh feallsanachail agus mìneachadh nan roinnean sin a dhèanamh ann an aonachd. Tha co-dhùnaidhean an sgrùdaidh a' seallltainn gu bheil beachdan fiosaig an latha an-diugh mu àite, ùine, gluasad, agus an One Infinite Reality (OIR), ann an èiginn mhòr. Tha cleachdadh daonna a' seallltainn, ann an leithid de chùisean, gur e feallsanachd an dòigh cheart a-mach. Tha an fheallsanachd shaidheansail buailteach a dhol an sàs.

Innealan lèirsinn oidhche? Tha e sìmplidh!

https://www.amazon.com/Vision-Devices-simple-Bantutov-Evgeni/dp/3659635367

2003 bliadhna. Iorac. Anns a' Chamas, bha an cogadh air chrith. Bhuannaich Ameireaganaich an cogadh oir chleachd iad teicneòlas àrd oir bha iad a 'cleachdadh innealan lèirsinn oidhche. An uairsin nochd aithisgean dìomhair nan seirbheisean dìomhair.

Bidh innealan lèirsinn oidhche a' coileanadh gu dona san fhàsach. Bidh teòthachd àrd a 'toirt droch bhuaidh air crìochan nan innealan. Tha astar an gnìomh a 'lùghdachadh. Ma tha thu airson tuigsinn mar a tha e ag obair ceannaich an leabhar seo. Tha iomadh foirmlean anns an leabhar. Tha na foirmlean airson proifeiseantaich. Ach tha tòrr dhealbhan anns an leabhar. Bidh dealbhan a' mìneachadh na foirmlean. Mar sin bidh daoine àbhaisteach a' tuigsinn matamataig iom-fhillte.

www.ingramcontent.com/pod-product-compliance
Lightning Source LLC
Chambersburg PA
CBHW071146240526
45465CB00024BA/1787